新工科机器人工程专业规划教材

Analysis and Engineering Application of ROS2

ROS2 源代码分析与工程应用

丁 亮　曲明成　张亚楠　夏科睿　编著

清华大学出版社

北京

内 容 简 介

本书从源代码层面深入解析ROS2，并对常用工具库及操控机器人的常用模块进行系统介绍。基于JuLab系列机器人，进行具体应用场景的代码和功能介绍。本书共包括6章。第1章介绍ROS2 Ardent版本、ROS2安装及环境配置、基本命令等。第2章分析ROS2 Ardent的总体框架，进行源代码概述，开展ament、Fast-CDR、Fast-RTPS、RMW、robot_model、RCL、RCLcpp等代码分析。第3章介绍ROS2常用工具库中的orocos_kinematics_dynamics、POCO、urdfdom、PCL以及MoveIt。第4章阐述SLAM导航及应用，通过ROS2发布里程计信息，基于JuLab1机器人完成SLAM开发。第5章介绍六轴机械臂轨迹规划，基于JuLab1机器人完成实例开发。第6章介绍OpenCV图像和视频基础，图像转换，机器人3D视觉技术等。

本书深入浅出地分析了ROS2的核心功能，并结合了典型工程案例。既可以作为机器人专业核心教材，又可以作为物联网专业辅助教材，同时也可以作为工程开发人员的指导书。

版权所有，侵权必究。举报：010-62782989，beiqinquan@tup.tsinghua.edu.cn

图书在版编目(CIP)数据

ROS2 源代码分析与工程应用/丁亮等编著.—北京：清华大学出版社，2019(2024.7重印)
（新工科机器人工程专业规划教材）
ISBN 978-7-302-52745-9

Ⅰ．①R… Ⅱ．①丁… Ⅲ．①机器人-程序设计-高等学校-教材 Ⅳ．①TP242

中国版本图书馆CIP数据核字(2019)第067177号

责任编辑：许　龙
封面设计：常雪影
责任校对：赵丽敏
责任印制：刘海龙

出版发行：清华大学出版社
网　　址：https://www.tup.com.cn，https://www.wqxuetang.com
地　　址：北京清华大学学研大厦A座　　　邮　编：100084
社 总 机：010-83470000　　　　　　　　　邮　购：010-62786544
投稿与读者服务：010-62776969，c-service@tup.tsinghua.edu.cn
质量反馈：010-62772015，zhiliang@tup.tsinghua.edu.cn

印 装 者：三河市龙大印装有限公司
经　　销：全国新华书店
开　　本：185mm×260mm　　印　张：13.75　　字　数：334千字
版　　次：2019年5月第1版　　　　　　　　　印　次：2024年7月第6次印刷
定　　价：42.00元

产品编号：080813-01

新工科机器人工程专业规划教材

机器人技术与系统国家重点实验室
组织编写委员会

顾　问
蔡鹤皋　院士
邓宗全　院士

主　任
刘　宏
赵　杰

委　员
（按姓氏拼音排序）

敖宏瑞	丁　亮	董　为	杜志江	付宜利	高海波
高云峰	葛连正	纪军红	姜　力	蒋再男	金明河
李　兵	李隆球	李瑞峰	李天龙	刘延杰	刘　宇
楼云江	倪风雷	曲明成	荣伟彬	王滨生	王　飞
王　珂	王振龙	闫纪红	闫继红	徐文福	于洪健
赵建文	赵京东	赵立军	钟诗胜	朱晓蕊	朱延河

秘　书
董　为
许　龙

自 序
PREFACE

　　哈工大机器人(合肥)国际创新研究院是由合肥经济开发区管理委员会与哈工大机器人集团有限公司共同举办的高新技术创新型事业单位。研究院瞄准国际国内紧缺方向,围绕下一代机器人方向,打造高端、前沿和开放的国际化、创新化的科研平台,聚集高端人才,积累核心技术,形成创新创业的新模式。作为国内机器人操作系统的积极应用和推动者,研究院的研究团队一直关注 ROS 和 ROS2 的发展,并积极的探索、改进和应用 ROS 及 ROS2,开发了支持 ROS 和 ROS2 的 JuLab 系列机器人通用硬件平台。ROS2 对原 ROS 框架进行了重大改进,ROS2 摒弃了原来的 Master-slave 架构,使用更加先进的分布式架构,采用了数据分发服务(DDS)技术,提升了多机器人协同工作的高可靠、实时性。ROS2 的第一个正式版本 Ardent Apalone 于 2017 年 12 月 8 日发布,该版本继承了 ROS 的众多优点,如接口与编程语言无关、驱动程序和算法可封装成独立的库、方便移植、支持多语言等。

　　为了更好地与对 ROS2 感兴趣的相关人员分享开发与应用 ROS2 的成果和经验,更深入地展示 ROS2 的架构优势、运行模式以及应用方法,本书中从源代码层面深入解析 ROS2,并对常用的工具库及操控机器人的常用模块进行了系统介绍。将作者对 ROS2 的所思、所感、所悟与编程理论知识相结合,褪去了纯理论的教学理念,使读者在学习过程中将 ROS2 基础知识和高级编程技术不知不觉地融入自己的头脑中。全书按照作者本人学习和实践的过程,带着读者从基础的 ROS2 知识进阶到高级的 ROS2 应用编程技术,并且基于 JuLab 系列机器人,介绍了 ROS 及 ROS2 在具体应用场景的功能和相应代码。本书的作者拥有多年教学经验,对 ROS 及 ROS2 都有独到、深入的见解,以通俗易懂及小而直接的示例解释了一个个晦涩抽象的概念。本书共 6 章,包括 ROS2 简介、ROS2 Ardent 框架及功能的源码分析、ROS2 工具库、SLAM 和导航、机械臂控制、机器人视觉等内容,涵盖了 ROS2 基础以及高级特性,适合各个层次的人员阅读,同时也是高等院校计算机及相关专业讲授 ROS2 的绝佳教材和参考书。

前言

　　ROS是开源的机器人操作系统软件平台,是机器人技术和人工智能技术的一个令人兴奋的结合点。2007年前后,ROS起源于美国斯坦福大学人工智能实验室与Willow Garage公司的项目合作;2013年,ROS的开发和维护工作被移交给了开源机器人基金会(Open Source Robotics Foundation)。十余年来,ROS在国际学者的大力支持下迅速发展。随着机器人与人工智能热潮的到来,基于ROS的开发与应用近几年在我国也开展得如火如荼。

　　ROS的主要目标是为不同类型的机器人提供基础中间件和应用软件,降低机器人的开发和应用难度,避免重复开发。ROS定义抽象层,允许软件被多种机器人重用。然而,现有ROS在设计软件框架时未预料到会如此受欢迎,其已有的架构越来越难以满足众多新用途和潜在的市场需求。例如,在ROS的master-slave架构下,当master节点发生问题时,将产生系统通信中断的严重后果,不适合多机器人协作的应用场景。现有ROS的另一个重要瓶颈是实时性能差,难以应用于对实时性能要求很高的领域。例如,运行于复杂动态环境中的高机动移动机器人、高速运行的流水线作业机器人等,要求机器人以极快的速度对指令进行响应,以极高的可靠性完成任务。

　　为了解决ROS的诸多不足,设计新的软件框架以满足目前及未来市场需求势在必行,ROS2也因此应运而生。在ROS2开发过程中,对原ROS框架进行了重大改进。为了满足多机器人协同工作的高可靠、实时性要求,ROS2摒弃了原来的master-slave架构,使用更加先进的分布式架构,采用了数据分发服务(DDS)技术,节点可以分布于不同主机,可以互为服务器/客户端,方便负载均衡,可降低中心节点失效导致slave节点通信失败的风险。更为重要的是,ROS2提供对实时操作系统和嵌入式设备的支持,使得实时控制可以直接在ROS2上运行,并支持节点间、进程间实时通信。ROS2的第一个正式版本Ardent Apalone于2017年12月8日发布,该版本并未完全脱离ROS,而是继承了ROS的众多优点,如接口与编程语言无关、驱动程序和算法可封装成独立的库、方便移植、支持多语言等。

　　作为国内机器人操作系统的积极应用者和推动者,研究团队一直关注ROS和ROS2的发展,并积极探索、改进和应用ROS及ROS2,开发了支持ROS和ROS2的JuLab系列机器人通用硬件平台。为了更好地与对ROS2感兴趣的相关人员分享开发与应用ROS2的成果和经验,更深入地展示ROS2的架构优势、运行模式以及应用方法,本书从源代码层面深入解析ROS2,并对常用工具库及操控机器人的常用模块进行了系统介绍。基于JuLab系列机器人,进行了具体应用场景的代码和功能介绍。

　　本书共包括6章。第1章介绍ROS2 Ardent版本、ROS2安装及环境配置、基本命令等。第2章分析ROS2 Ardent的总体框架,进行源代码概述,开展ament、Fast-CDR、Fast-RTPS、RMW、robot_model、RCL、RCLcpp等代码分析。第3章介绍ROS2常用工具库中的orocos_kinematics_dynamics、POCO、urdfdom、PCL以及MoveIt。第4章阐述SLAM导航及应用,通过ROS2发布里程计信息,基于JuLab1机器人完成SLAM开发。第5章介绍六轴机械臂轨迹规划,基于 JuLab1 机器人完成实例开发。第 6 章介绍 OpenCV 图像和视频基础,图像转换,机器人 3D 视觉技术等。本书的电子文档资源同步在 www.airtros.com 网站发布。本书深入浅出地分析了 ROS2 的核心功能,并结合了典型工程案例。书中实践案例部分以 JuLab 机器人为载体,该机器人助力哈尔滨工业大学计算机学院两支队伍夺得了 2018 年全国大学生物联网大赛总决赛一等奖和二等奖。

本书作者均为从事机器人、操作系统科研和教学工作的人员。第 1 章由丁亮、曲明成、夏科睿撰写,第 2 章由曲明成、张亚楠、刘鹏飞撰写,第 3 章由张亚楠、曲明成、夏科睿撰写,第 4 章由丁亮、夏科睿、郭龙撰写,第 5 章由曲明成、夏科睿、丁亮撰写,第 6 章由张亚楠、夏科睿撰写。全书由丁亮统稿,张亚楠组织编辑和校对。相关研究工作和本书的编著得到了哈工大机器人集团董事长王飞、高级副总裁于振中等领导的大力支持,郭龙、金马、王权、陈伟伟、蒋晨旭、彭超、侯旗、何婷婷、张韬庚、姬鹏鹏等参与了本书案例的开发和编写工作,清华大学出版社的编辑对本书出版给予了大力支持,在此表示衷心的感谢!

本书涉及的研究工作得到了国家自然科学基金优秀青年基金项目(51822502)、安徽省科技重大专项项目、合肥市庐州产业创新团队项目、哈工大机器人(合肥)国际创新研究院立项项目等资助,在此表示感谢!

由于作者水平所限,书中难免存在不足之处,敬请各位读者批评指正。

作　者

2018 年秋

目录

第 1 章 ROS2 简介 … 1
1.1 ROS2 Ardent Apalone 概述 … 1
1.2 ROS2 安装及环境配置 … 2
1.2.1 安装 ROS2 … 2
1.2.2 运行 talker 和 listener … 5
1.3 ROS2 的基本命令 … 5
1.3.1 ROS2 核心命令 … 5
1.3.2 ROS 与 ROS2 交互相关命令 … 7

第 2 章 ROS2 Ardent 框架及功能的源码分析 … 12
2.1 ROS2 Ardent 总体框架 … 12
2.2 ROS2 Ardent 源代码概述 … 14
2.3 ament 代码分析 … 15
2.3.1 主要函数解析 … 16
2.3.2 基于 Google Mock 的白盒测试 … 42
2.4 Fast-CDR 代码分析 … 45
2.5 Fast-RTPS 代码分析 … 51
2.5.1 Fast-RTPS 主要流程解析 … 52
2.5.2 Fast-RTPS 主要函数解析 … 58
2.6 RMW 代码分析 … 74
2.7 robot_model 及状态发布代码分析 … 83
2.7.1 robot_model 模块功能 … 83
2.7.2 机器人状态发布 … 87
2.7.3 ROS 与 ROS2 的桥接 … 90
2.8 RCL 代码分析 … 92
2.9 RCLcpp 代码分析 … 111

第 3 章 第三方工具库 … 119
3.1 orocos_kinematics_dynamics 库 … 119
3.2 POCO 库 … 121
3.3 URDF … 127
3.3.1 URDF 语法规范 … 127

3.3.2　URDF 创建机器人模型 …………………………………………………… 129
3.4　PCL 库 ………………………………………………………………………………… 132
　　3.4.1　PCL 架构 ……………………………………………………………………… 132
　　3.4.2　PCL 数据结构 ………………………………………………………………… 132
　　3.4.3　PCL 基础 ……………………………………………………………………… 133
3.5　MoveIt ………………………………………………………………………………… 136

第 4 章　SLAM 和导航 …………………………………………………………………… 140
4.1　SLAM 导航简介 ……………………………………………………………………… 140
4.2　GMapping …………………………………………………………………………… 144
　　4.2.1　用 tf 配置机器人 ……………………………………………………………… 147
　　4.2.2　发布里程计信息 ……………………………………………………………… 150
4.3　SLAM 实例 …………………………………………………………………………… 152
　　4.3.1　激光建图 ……………………………………………………………………… 153
　　4.3.2　导航 …………………………………………………………………………… 154
　　4.3.3　定位 …………………………………………………………………………… 155

第 5 章　机械臂控制 ……………………………………………………………………… 157
5.1　六轴机械臂轨迹规划 ………………………………………………………………… 158
　　5.1.1　关节空间的轨迹规划 ………………………………………………………… 158
　　5.1.2　笛卡儿空间的轨迹规划 ……………………………………………………… 161
5.2　描述机械臂 …………………………………………………………………………… 164
5.3　机械臂实例开发 ……………………………………………………………………… 173
　　5.3.1　仿真环境下实例开发 ………………………………………………………… 173
　　5.3.2　实际环境下实例开发 ………………………………………………………… 175

第 6 章　机器人视觉 ……………………………………………………………………… 177
6.1　OpenCV 图像、视频基础 …………………………………………………………… 177
　　6.1.1　图像处理 ……………………………………………………………………… 177
　　6.1.2　视频处理 ……………………………………………………………………… 185
　　6.1.3　可移植的图形工具包 HighGUI ……………………………………………… 188
6.2　图像转换 ……………………………………………………………………………… 190
6.3　机器人 3D 视觉 ……………………………………………………………………… 193
　　6.3.1　libfreenect2 简介 ……………………………………………………………… 193
　　6.3.2　openni_camera 简介 ………………………………………………………… 196
　　6.3.3　openni_tracker 简介 ………………………………………………………… 198
　　6.3.4　3D 视觉设备使用实例 ………………………………………………………… 203

参考文献 …………………………………………………………………………………… 209

第 1 章

ROS2 简介

本章主要介绍 ROS2 第一个正式发布的版本——ROS2 Ardent 版本,以及 ROS2 Ardent 的安装、环境配置、基本命令。通过本章的学习,读者可以了解 ROS2 的基础知识,了解 ROS2 与 ROS 的联系和区别,理解 ROS2 的改进方向和特点。

1.1 ROS2 Ardent Apalone 概述

ROS(Robot Operating System)是一个机器人软件平台,它能为异质计算机集群提供类似操作系统的功能。ROS 的前身是斯坦福人工智能实验室为了支持斯坦福智能机器人 STAIR 而建立的交换庭(switchyard)项目。到 2008 年,主要由 Willow Garage 继续该项目的研发。ROS 主要的特点是提供了一种发布订阅式的通信框架用以简单、快速地构建分布式计算系统,ROS 定义了节点,允许不同节点的进程能接收、发布、聚合各种信息(如传感、控制、状态、规划等)。提供了大量的工具组合用以配置、启动、自检、调试、可视化、登录、测试、终止分布式计算系统。提供了广泛的库文件实现以机动性、操作控制、感知为主的机器人功能。提供一些标准操作系统服务,例如硬件抽象、底层设备控制、常用功能实现、进程间消息以及数据包管理。

ROS 最早应用于 Willow Garage PR2 机器人开发。ROS 主要目标是为不同的机器人应用提供软件工具,因此,ROS 在定义抽象层(通常是通过消息接口)上付出了大量努力,从而允许许多软件被其他机器人重用。ROS 不仅应用在 PR2 机器人及类似的机器人上,而且应用在大小腿轮式机器人、人形机器人、军事工业机器人、室外地面车辆(包括自动驾驶汽车)、飞行器等众多设备上。除此之外,ROS 正在被大多数学术研究团体以外的领域采纳。以 ROS 为基础的产品正在大量上市,包括制造机器人、农业机器人、商业清洁机器人等。政府机构也在关注 ROS 的使用。例如,美国宇航局预计将运行 ROS 的 Robonaut 2 部署到国际空间站。

现有 ROS 在设计软件框架层面时未考虑到 ROS 会有如此之多的应用,已有的软件架构已经不能胜任众多的新用途和潜在的市场,因此设计新的软件框架,满足市场需求势在必行,ROS2 的开发也就水到渠成。在 ROS2 中,对原 ROS 框架做了重大改进。例如,为了满足多机器人团队协作的需求,ROS2 摒弃了原 ROS 的 master-slave 架构,这种结构下当 master 节点发生问题将产生通信中断的严重后果。现有 ROS 另一个重要的缺陷是实时性能差,不具备应用在对实时性能要求很高的领域。未来 ROS2 将计划支持实时操作系统,使得实时控制可以直接在 ROS 上运行,并支持节点间、进程间实时通信。

ROS2 Ardent Apalone 是 ROS 的后续版本,其中 Ardent Apalone 是版本名称,该版本代号为 Ardent。ROS2 的版本命名方式与 ROS 相似,之前的 ROS 版本包括 ROS Lunar Loggerhead、ROS Kinetic Kame、ROS Jade Turtle、ROS Indigo Igloo 等。ROS2 Ardent Apalone 并没有完全放弃 ROS,保留了 ROS 拥有的众多优点,如接口与编程语言无关,第三方库不依赖于 ROS,方便移植,支持多语言。ROS2 采用分布式框架,节点可以分布于不同主机,可以互为服务器/客户端,方便负载均衡。ROS2 针对 ROS 节点间通信机制采用 master-slave 模式的诸多问题,提出使用更先进的分布式架构,具有更高的可靠性,以及对实时性和嵌入式设备的支持。ROS2 最大的不同在于采用了数据分发服务(Data Distribution Service,DDS)技术,DDS 技术更适用于实时分布式嵌入式系统。

ROS2 Ardent 的源代码文件中主要有四个文件夹,包括 ament、eProsima、ros、ros2。ROS2 Ardent 的代码量统计如表 1-1 所示。

表 1-1 ROS2 Ardent 的代码统计

代码统计	代码量
类的数量	6142
代码行数	346060
注释行数	126286
注释与代码比率	0.36
声明语句	118649
执行语句	168295
文件数量	3571
函数数量	27326
预处理行数	30457

1.2 ROS2 安装及环境配置

ROS2 Ardent Apalone 在 2017 年 12 月 8 日发布,这是 ROS2 的第一个正式版本。本节以 ROS2 的 Ardent Apalone 版本为例,介绍 ROS2 的安装与环境配置方法。

1.2.1 安装 ROS2

ROS2 支持 Ubuntu16.04 系统,安装方法和 ROS 类似,可以按照以下步骤进行安装:

1. 添加软件源

在 Ubuntu 命令行终端输入如下命令:

```
$ sudo apt update && sudo apt install curl
$ curl http://repo.ros2.org/repos.key | sudo apt-key add -
$ sudo sh -c 'echo "deb [arch=amd64,arm64] http://repo.ros2.org/ubuntu/main xenial main" > /etc/apt/sources.list.d/ros2-latest.list'
```

2. 安装 ROS2

```
$ sudo apt-get update
$ sudo apt install 'apt list ros-ardent-* 2>/dev/null | grep "/" | awk -F/ '{print $1}'
| grep -v -e ros-ardent-ros1-bridge -e ros-ardent-turtlebot2- | tr "\n" " "'
```

以上安装命令排除了 ros-ardent-ros1-bridge 和 ros-ardent-turtlebot2-* 等功能包,这些功能包需要依赖 ROS,可以在后续单独安装。

3. 设置环境变量

```
$ source /opt/ros/ardent/setup.bash
```

如果安装了 Python 包——argcomplete,还需要设置以下环境变量:

```
$ source /opt/ros/ardent/share/ros2cli/environment/ros2-argcomplete.bash
```

4. 配置 ROS Middleware

DDS 是 ROS2 中的重要部分,ROS2 默认使用的 ROS Middleware(简称 RMW)是 FastRPTS,也可以通过以下环境变量将默认 RMW 修改为 OpenSplice:

```
RMW_IMPLEMENTATION=rmw_opensplice_cpp
```

注意:按照上述 1~4 步执行,在当前终端可以执行 ROS2 的命令。如果关闭当前终端,再次开启终端,则 ROS2 命令不生效。导致 ROS2 命令失效的原因是 1~4 配置步骤只在当前终端生效,即配置在局部空间,在全局空间不生效。

如果希望对 ROS2 的配置在任意新打开的终端生效,在配置完上述 1~4 步骤后,还需要设置 .bashrc 文件。首先介绍 .bashrc 文件,.bashrc 文件主要保存个人的一些个性化设置,如命令别名、路径等。.bashrc 文件是隐藏文件,其内容可使用 ls -a 命令来查看。在变量名前加'$',可获取变量值,例如"echo $PATH"会显示当前设置的 PATH 变量"/usr/bin:/usr/local/bin:/bin"。处理 $PATH 变量要注意:在原有变量的后面增加新的变量,例如,在原有 PATH 变量后面增加"/some/directory"则输入"PATH=$PATH:/some/directory"。如果要将"/some/directory"定义为一个全局变量,使在以后打开的终端中生效,需要将局部变量输出(export),可以用 export 命令:export PATH=$PATH:/some/directory,这里需要注意 export 命令只能改变当前终端及以后运行的终端里的变量,对于已经运行的终端没有作用。

使 ROS2 的配置全局生效,可执行以下两个步骤。

1) 编辑环境变量

首先执行 source /opt/ros/ardent/setup.bash,使得更改的环境变量生效。

```
$ sudo gedit ~/.bashrc
```

在 bashrc 文件中增加:

```
export PATH=$PATH:/some/directory source /opt/ros/ardent/setup.bash
```

如果安装了 Python 包——argcomplete,还需要设置以下环境变量:

```
$ source /opt/ros/ardent/share/ros2cli/environment/ros2-argcomplete.bash
```

2）配置环境变量

在.bashrc文件末尾增加：

```
source /opt/ros/ardent/setup.bash
source /opt/ros/ardent/share/ros2cli/environment/ros2 - argcomplete.bash
set RMW_IMPLEMENTATION = $ RMW_IMPLEMENTATION:/rmw_opensplice_cpp
export RMW_IMPLEMENTATION
```

5. 可选装依赖 ROS 的功能包

ROS2 在很长一段时间会和 ROS 并存，所以目前很多 ROS2 中的功能包需要依赖 ROS 中的功能包，ROS2 也提供了与 ROS 之间通信的桥梁——ros1_bridge。在安装这些与 ROS 有依赖关系的功能包之前，需要系统已经成功安装 ROS。下面以 Kinect 版本为例安装 ROS。

1）设置 sources.list

```
sudo sh - c 'echo "deb http://packages.ros.org/ros/ubuntu $(lsb_release - sc) main" > /etc/
apt/sources.list.d/ros - latest.list'
```

2）设置 key

```
sudo apt - key adv -- keyserver http ://ha.pool.sks - keyservers.net:80 -- recv - key
421C365BD9FF1F717815A3895523BAEEB01FA116
```

3）安装

执行命令 sudo apt-get update 安装 ROS2。

执行命令 sudo apt-get install ros-kinetic-desktop 安装 ROS 基本库。

6. ROS2 bridge 功能

安装好 ROS 后，才能通过以下命令安装 ROS2 的"bridge"功能包：

```
$ sudo apt update
$ sudo apt install ros - ardent - ros1 - bridge  ros - ardent - turtlebot2 - *
```

按照以上方法安装完成后，就可以使用 ROS2 的命令了。ROS2 的默认安装路径依然是在 Ubuntu 系统的/opt/ros 路径下。

使用如下命令查看 ROS2 命令行工具相关的帮助信息，如图 1-1 所示。

```
$ ros2 -- help
```

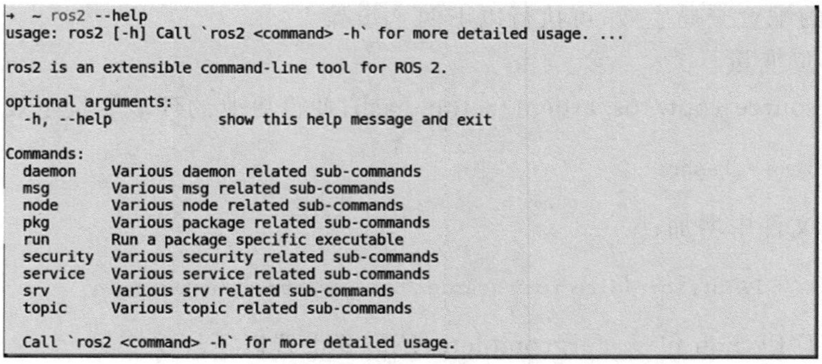

```
→ ~ ros2 --help
usage: ros2 [-h] Call `ros2 <command> -h` for more detailed usage. ...

ros2 is an extensible command-line tool for ROS 2.

optional arguments:
  -h, --help            show this help message and exit

Commands:
  daemon    Various daemon related sub-commands
  msg       Various msg related sub-commands
  node      Various node related sub-commands
  pkg       Various package related sub-commands
  run       Run a package specific executable
  security  Various security related sub-commands
  service   Various service related sub-commands
  srv       Various srv related sub-commands
  topic     Various topic related sub-commands

  Call `ros2 <command> -h` for more detailed usage.
```

图 1-1　ROS2 命令行工具相关的帮助信息

1.2.2 运行 talker 和 listener

ROS2 安装完成后，默认带有部分示例，为了验证 ROS2 是否安装成功，可以使用如下命令进行测试：

```
$ ros2 run demo_nodes_cpp talker
$ ros2 run demo_nodes_cpp listener
```

运行成功后，效果与在 ROS 1 中实现的效果类似，如图 1-2 所示。

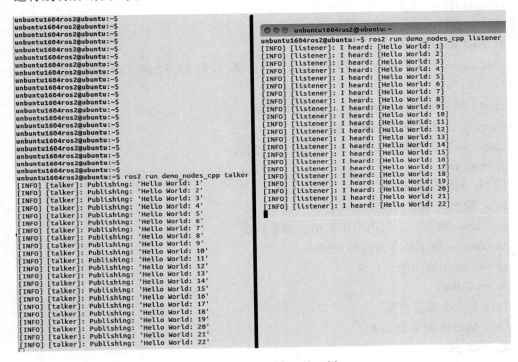

图 1-2 ROS2 节点通信示例

通过这个例程可以看到，在 ROS2 中运行节点时，并不需要启动 ROS Master，两个节点之间建立的通信连接完全依靠节点自身的"Discovery"机制。

1.3 ROS2 的基本命令

ROS2 的基本命令包括两部分：一部分是 ROS2 的核心命令；另外一部分是需要和 ROS 交互时，可能用到的 ROS 命令。

1.3.1 ROS2 核心命令

ROS2 核心命令分为以下几部分。在"$"提示符后输入"ros2-h"，则可以看到以下

ROS2 命令。

　　daemon：各种守护进程相关的子命令。
　　msg：各种消息进程相关的子命令。
　　node：各种 node 进程相关的子命令。
　　pkg：各种 pkg 进程相关的子命令。
　　run：运行特定软件包的可执行文件。
　　security：各种安全进程相关的子命令。
　　service：各种服务进程相关的子命令。
　　srv：各种 srv 进程相关的子命令。
　　topic：各种 topic 进程相关的子命令。

1．ros2 daemon

ros2 daemon 是各种守护进程相关命令的前缀，控制 ROS2 的守护进程，有以下三个子命令：

　　start：如果守护进程未运行，启动守护进程。
　　status：输出守护进程的状态。
　　stop：如果守护进程正在运行，停止守护进程。

2．ros2 msg

ROS2 的消息相关命令。

　　list：输出可用的消息类型列表。
　　package：输出一个包内可用的消息类型列表。
　　packages：输出包含消息的包列表。
　　show：显示输出消息定义。

3．ros2 node

输出 ROS2 节点信息。

　　list：输出可用节点列表。

4．ros2 pkg

输出安装包信息。

　　executables：输出特定于软件包的可执行文件列表。
　　list：输出可用软件包列表。
　　prefix：输出包的前缀路径。

5．ros2 run

输出安装包信息。

命令格式：ros2 run [-h] [--prefix PREFIX] package_name executable_name

位置参数如下：

package_name：ROS 包名称。
executable_name：可执行文件名称。
argv：将任意参数传递给可执行文件。

可选参数如下：

-h, --help：显示此帮助消息并退出。

--prefix PREFIX：在可执行文件之前的前缀命令，包含空格的命令必须包含在引号中。

6. ros2 security

ros2 security 包含各种安全进程相关的子命令。

命令格式和参数如下：

create_key：创建秘钥。

create_keystore：创建密钥库。

create_permission：创建许可。

distribute_key：分配密钥。

list_keys：列出表键。

7. ros2 service

ros2 service 包含"ros2 service call"和"ros2 service list"两条子命令。其中"ros2 service call"调用一个服务，该命令的位置参数包括以下三个参数：

service_name：调用的 ROS 服务名称（如"/add_two_ints"）。

service_type：ROS 服务类型（如"std_srvs/Empty"）。

values：用 YAML 格式填充服务请求的值（如"{a：1，b：2}"），否则，将以默认值发布服务请求。

"ros2 service list"子命令输出可用服务的列表，该命令的可选参数如下：

--spin-time：发现服务的自旋时间。

-t：显示服务补充信息。

-c：显示发现的服务数量。

8. ros2 srv

ros2 srv 包含各种 srv 进程相关的子命令，可选命令如下：

list：输出可用服务类型列表。

package：输出一个包中可用服务类型列表。

packages：输出包含服务的包列表。

show：输出服务定义。

9. ros2 topic

ros2 topic 是各种 topic 进程相关的子命令的前缀。

1.3.2 ROS 与 ROS2 交互相关命令

为了更好地从 ROS 过渡到 ROS2，ROS2 保留了与 ROS 交互的相关命令。本节主要介绍 ROS 工作空间、ROS 服务以及 ROS 文件系统的相关命令。

1. ROS 工作空间

执行命令"$ roscore"启动 ROS，执行以下命令，创建工作环境：

```
$ mkdir -p ~/catkin_ws/src
$ cd ~/catkin_ws/src
$ catkin_init_workspace
```

执行以下命令，编译 ROS 程序：

```
$ cd ~/catkin_ws
$ catkin_make
```

执行以下命令,添加程序包到全局路径:

```
$ echo "source catkin_ws/devel/setup.bash" >> ~/.bashrc
$ source ~/.bashrc
```

执行以下命令,创建程序包,添加程序包的依赖包,编译新建的程序包:

```
$ cd ~/catkin_ws/src
$ catkin_create_pkg  [depend1] [depend2] [depend3]
$ cd ~/catkin_ws
$ catkin_make
```

执行以下命令查找编译后的程序包:

```
$ rospack find [package name]
```

执行以下命令查看程序包依赖关系:

```
$ rospack depends
$ rospack depends1
```

2. ROS 服务

执行以下命令,查看所有正在运行的节点:

```
$ rosnode list
```

执行以下命令,查看某节点信息:

```
$ rosnode info [node_name]
```

执行以下命令,运行节点:

```
$ rosrun [package_name] [node_name] [__name:=new_name]
```

执行以下命令,查看所有 topic 列表:

```
$ rostopic list
```

执行以下命令,图形化显示 topic:

```
$ rosrun rqt_graph rqt_graph
$ rosrun rqt_plot rqt_plot
```

执行以下命令,查看某个 topic 信息:

```
$ rostopic echo [topic]
```

执行以下命令,查看 topic 消息格式:

```
$ rostopic type [topic]
$ rosmsg show [msg_type]
```

执行以下命令,向 topic 发布消息:

```
$ rostopic pub [-1]    [-r 1] -- [args] [args]
```

Serv 执行以下命令，查看所有 service 操作：

```
$ rosservice -h
```

执行以下命令，查看 service 列表：

```
$ rosservice list
```

执行以下命令，调用 service：

```
$ rosservice call [service] [args]
```

执行以下命令，查看 service 格式并显示数据：

```
$ rosservice type [service] | rossrv show
```

执行以下命令，设置 service parameter：

```
$ rosparam set [parame_name] [args]
```

执行以下命令，获得 parameter：

```
$ rosparam get [parame_name]
```

执行以下命令，加载 parameter：

```
$ rosparam load [file_name] [namespace]
```

执行以下命令，删除 parameter：

```
$ rosparam delete
```

执行以下命令，清除服务执行后留下的数据：

```
rosservice call clear
```

执行以下命令，记录所有 topic 变化：

```
$ rosbag record -a
```

执行以下命令，记录某些 topic：

```
$ rosbag record -O subset
```

执行以下命令，查看记录信息：

```
$ rosbag info
```

执行以下命令，回放记录信息：

```
$ rosbag play (-r 2)
```

3. ROS 文件系统的相关命令

首先介绍 ROS 文件系统中的相关概念，然后介绍 ROS 文件系统工具集。ROS 文件系统主要由功能包（package）、功能包的描述文件组成。功能包是 ROS 中比较基础的软件组织方式,每个功能包可包含依赖库、可执行文件、脚本文件及其他的相关文件;功能包的描述文件是 Manifest,主要以 XML 形式存在,它主要定义功能包与其他功能包之间的依赖关系,并提供关于功能包的版本信息、维护者信息和许可信息等。

由于 ROS 代码分布在许多功能包中,如果采用 ls 和 cd 等命令将会非常烦琐,因此 ROS 提供一些自定义的工具集辅助操作。

1) rospack 使用介绍

rospack 用于获取功能包的相关信息,下面只涉及其中的 find 参数,它返回功能包的路径信息。

命令格式如下:

```
# rospack find [package_name]
```

示例:

```
$ rospack find roscpp
```

执行结果如下:

```
YOUR_INSTALL_PATH/share/roscpp
```

Advanced Packaging Tool(apt)是 Linux 下的一款安装包管理工具。如果 ROS 是从 apt 安装到 Ubuntu 系统中的,将会显示如下结果:

```
/opt/ros/kinetic/share/roscpp
```

2) roscd 使用介绍

roscd 是 rosbash 套件中的一部分,利用它可以改变路径到指定的功能包或功能包集中。

命令格式如下:

```
# roscd [locationname[/subdir]]
```

示例:

```
$ roscd roscpp
```

为了验证是否改变到 roscpp 功能包的路径下,可采用 UNIX 的命令 pwd 打印当前的路径信息:

```
$ pwd
```

得到如下执行结果:

```
YOUR_INSTALL_PATH/share/roscpp
```

这个路径和之前示例中 rospack find roscpp 查找出的路径是一致的。

注意,roscd 和其他 ROS 命令工具一样,只会查找 ROS_PACKAGE_PATH 变量中包含的 package,通过下面的命令可以查看 ROS_PACKAGE_PATH 包含的信息:

```
$ echo $ROS_PACKAGE_PATH
```

ROS_PACKAGE_PATH 变量包含一系列被冒号":"隔开的路径,通常情况下,ROS_PACKAGE_PATH 变量值如下所示:

/opt/ros/groovy/base/install/share:/opt/ros/groovy/base/install/stacks

与其他环境变量的用法一致,可以添加路径到 ROS_PACKAGE_PATH 中,路径间必须用冒号隔开。

3) roscd log

roscd log 将会引导到 ROS 日志所在的目录下。注意,如果没有运行任何 ROS 程序,它将显示日志目录不存在的错误信息;如果已经运行过 ROS 程序,可以尝试如下命令:

```
$ roscd log
```

4) rosls 使用介绍

rosls 是 rosbash 套件的一部分,它可以通过功能包的名称列出其包含的文件,而不必使用绝对路径。

命令格式如下:

```
# rosls [locationname[/subdir]]
```

示例:

```
$ rosls roscpp_tutorials
```

执行结果如下:

```
cmake   package.xml   srv
```

5) 使用 Tab 键

拼写出整个功能包的名称比较烦琐,在上一个示例中,roscpp_tutorials 是一个相当长的名称,ROS 支持 Tab 键操作,在输入若干字符后,ROS 会自动填充完余下的字符。

按照如下所示操作:

```
# roscd roscpp_tut(在此处按 Tab 键)
```
命令行会自动填充完余下的字符,如下所示:

```
$ roscd roscpp_tutorials/
```

第 2 章 ROS2 Ardent框架及功能的源码分析

ROS2 Ardent Apalone 是 ROS 的后续版本,其中 Ardent Apalone 是版本名称,该版本代号为 Ardent。ROS2 Ardent Apalone(简称 ROS2)并没有完全放弃 ROS,保留了 ROS 拥有的众多优点,如:接口与编程语言无关;第三方库不依赖于 ROS;方便移植;支持多语言。ROS2 对 ROS 在发布订阅过程中的诸多问题提出了诸多改进,主要改进 ROS 版本中采用的中心节点注册机制,降低中心节点失效导致 slave 节点通信失败的风险;ROS2 使用更先进的分布式架构,具有更高的可靠性、更好的实时性;提供对嵌入式设备的支持。

为了使得读者更好地理解 ROS2,本章分析了 ROS2 Ardent 的框架及源代码,详细给出了 ROS2 Ardent 的主要功能模块:ament、Fast-CDR、Fast-RTPS、RMW、robot_model、RCL、RCLcpp 的代码分析。

2.1 ROS2 Ardent 总体框架

本节分析 ROS2 Ardent 的总体框架。ROS2 Ardent 吸取了 ROS 的设计经验,提出了一种基于数据分发服务的"去中心节点"的架构。ROS2 Ardent 的系统架构如图 2-1 所示。ROS2 Ardent 可划分为操作系统层、中间件层、应用层。操作系统层包括 Linux、Windows、Mac 等 ROS2 Ardent 支持的多种操作系统;中间件层包括客户端库、数据分发服务抽象层、数据分发服务和进程内部处理接口;应用层包括 ROS2 的节点。ROS2 主要特点包括:

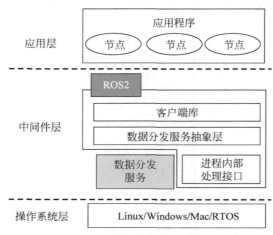

图 2-1 ROS2 的系统架构

第 2 章　ROS2 Ardent框架及功能的源码分析

（1）ROS2 支持多种操作系统，包括 Ubuntu、Debian、Windows（Windows 8.1 和 Windows 10）、OS X(10.11.x 和 10.12.x)，ROS2 甚至可运行在没有操作系统的裸机上。

（2）ROS2 摒弃了 ROS 中的 master 节点，ROS2 的通信系统基于数据分发服务（DDS）。

（3）ROS2 提出进程内部处理接口，即 Intra-process，为同一个进程中的多个节点提供一种更优化的数据传输方式。Intra-process 独立于 DDS。

ROS2 的通信模型如图 2-2 所示。ROS2 处理数据的网络拓扑是一种点对点的形式。程序运行时，所有进程以及它们所进行的数据处理，将会通过一种点对点的网络形式表现出来。ROS2 的通信模型主要包括几个重要概念：节点(node)、消息(message)、主题(topic)、服务(service)等。

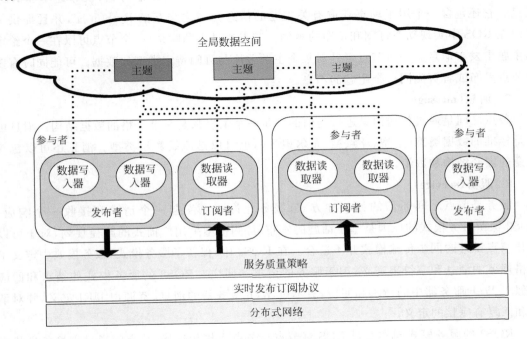

图 2-2　ROS2 通信模型

ROS2 的通信模型关键概念如下：

1. 参与者（participant）

一个参与者 participant 就是一个容器，对应于一个使用 DDS 的用户，任何 DDS 的用户都必须通过 Participant 访问全局数据空间。

2. 发布者（publisher）

数据发布的执行者，支持多种数据类型的发布，可以与多个数据写入器(writer)相连，发布一种或多种主题(topic)的消息。

3. 订阅者（subscriber）

数据订阅的执行者，支持多种数据类型的订阅，可以与多个数据读取器(reader)相连，订阅一种或多种主题(topic)的消息。

4. 数据写入器（writer）

用于向发布者更新数据的对象，每个数据写入器对应一个特定的 topic，类似于 ROS 中的一个消息发布者。

5. 数据读取器（reader）

用于从订阅者读取数据的对象，每个数据读取器对应一个特定的 topic，类似于 ROS 中的一个消息订阅者。

6. 主题（topic）

ROS2 和 ROS 中的 topic 概念一致，一个 topic 包含一个名称和一种数据结构。ROS 主题是 ROS 节点间通信的纽带，ROS 主题的内容包括发布者、订阅服务器、发布速率和 ROS 消息。它还包含一个用于动态获取有关主题的信息并与之交互的 Python 库，并且提供了如何在 ROS 中实现动态订阅和发布的示例。节点通过主题联系，一个节点可以在一个给定的主题中发布消息。一个节点可针对某个主题关注与订阅特定类型的数据。可能同时有多个节点发布或者订阅同一个主题的消息。

7. 消息（message）

节点之间是通过传送消息进行通信的。每一个消息都是一个严格的数据结构。消息可以是标准的数据类型（整型、浮点型、布尔型等），也可以是原始数组类型。消息还可以包含任意的嵌套结构和数组。

8. 服务（service）

服务是节点之间通信的另一种方式，服务允许节点发起一个请求和接收一个响应。ROS2 保留服务模式的原因是基于话题的发布/订阅模型采用广播式的路径规划，对于可以简化节点设计的同步传输模式并不适合。在 ROS2 中，保留了服务模式，服务模式中定义了严格规范的消息和字符串定义，用于服务的请求和回应。ROS2 的服务模式的请求和回应类似于 Web 服务器中的请求和回应，只不过 Web 服务器的消息、资源由 URI 定义，并对请求和回复有完整的定义。

ROS2 的服务模式同样通过 DDS 将节点与节点直接相连接，节点间通过交换各自状态信息，使得每个节点都可以自主计算整个网络的拓扑，当节点发起服务请求时，它将根据自己计算的路由发送请求，作为服务提供者的节点会根据自己计算的路由将回应返给发起服务请求的节点。

9. 服务质量（quality of service）

服务质量通过服务策略（QoS policy）控制各应用的网络带宽与转发优先级，满足用户对不同应用场景的数据传输服务质量需求。

2.2 ROS2 Ardent 源代码概述

ROS2 Ardent 源代码被划分在四个文件夹中，分别是 ament、eProsima、ros、ros2。这四个文件的主要功能及子文件如表 2-1 所示，其中 ament 部分主要提供代码编译，具体包括编译依赖、代码规范化、编译过程中对包检查、编译工具、代码测试等功能。eProsima 部分主要功能是实现了 DDS，具体功能包括结构化数据的序列化和反序列化、实时发布订阅、完成节点间信息交互、支持参与者发现协议 PDP 和端点发现协议 EDP 等。ROS 部分主要功能是类加载器、控制台输出等。ROS2 部分功能较多，包括 tf2 转换库、OROCOS 运动学、动力学、节点的建立、时间约束、ROS 与 ROS2 的桥接、安装其他功能插件、对内存的操作等功能。

表 2-1 ROS2 文件结构目录

文件目录	主要功能	子文件夹
ament	编译依赖；代码规范化；编译过程中对包检查；提供编译工具；支持代码测试	ament_cmake、ament_index、ament_lint、ament_package、ament_tools、Google Test、osrf_pycommon、uncrusitify
eProsima	结构化数据的序列化和反序列化；支持实时发布订阅，完成节点间信息的交互；支持参与者发现协议 PDP 和端点发现协议 EDP	Fast_CDR、Fast_RTPS
ROS	类加载器；控制台输出	class_loader、console_bridge
ROS2	tf2 转换库，支持在任何两个坐标之间的点坐标变换、矢量变换等。支持 OROCOS（open robot control software）运动学、动力学。支持节点的建立、时间约束。实现无 master 的 publish 和 subscribe。实现 ROS 与 ROS2 的桥接。安装其他功能插件。支持统一机器人描述格式	ament_cmake_ros、common_interfaces、demos、example_interfaces、examples(rclcpp、rclpy)、geometry2、launch、orocos_kinematics_dynamics、rcl、rcl_interfaces、rclcpp、rclpy、rcutils、realtime_support、rmw、rmw_connext、rmw_fastrtps、rmw_implementation、rmw_opensplice、robot_model、robot_state_publisher、ros1_bridge、ros2cli、rosidl、rosidl_dds、rosidl_typesupport、sros2、system_tests、tlsf、urdfdom、urdfdom_headers、vision_opencv

接下来将从 ROS2 的类调用关系、主要功能的时序图、主要功能的程序流程图、主要函数解析等方面详细解析 ROS2。

2.3　ament 代码分析

ament 是一种元编译系统，用来构建组成应用程序的多个独立功能包，它并不是一个全新的东西，而是 catkin 编译系统进一步演化的版本。ament 主要分为两个部分：

（1）编译系统：配置、编译、安装独立的功能包。

（2）构建工具：将多个独立的功能包按照一定的拓扑结构进行链接。

ament 的主要文件及其功能如表 2-2 所示。

表 2-2 ament 主要文件及其功能

序号	文件目录	主要功能	对应的文件
1	ament_cmake	各种编译时依赖	ament_cmake_auto、ament_cmake_export_definitions、ament_cmake_export_dependencies、ament_cmake_core、ament_cmake_export_include_directories、ament_cmake_test、ament_cmake_export_interfaces、ament_cmake_export_libraries、ament_cmake_export_link_flags、ament_cmake_gmock、ament_cmake_gtest、ament_cmake_libraries、ament_cmake_nose、ament_cmake_python、ament_cmake_target_dependencies
2	ament_index	获取包的前缀	ament_index_cpp、ament_index_python、get_resource.cpp、get_resources.cpp、get_search_paths.cpp、has_resource.cpp、constants.py、packages.py、resources.py、search_paths.py
3	ament_lint	代码规范及美化	ament_clang_format、ament_cmake_pep8、ament_cmake_pep257
4	ament_package	编译过程中对包检查	dependency.py、export.py、package.py、person.py、templates.py、url.py
5	ament_tools	编译工具	ament_python.py、cmake.py、cmake_common.py、common.py
6	Google Test	调用 Google 开源的 C++ Mocking Framework	gmock.cc
7	osrf_pycommon	生成配置文件	async_execute_process.py、execute_process_nopty.py、execute_process_pty.py
8	uncrusitify	提供辅助工具，例如：对齐、备份	align.cpp、align_stack.cpp、args.cpp、brace_cleanup.cpp、braces.cpp、chunk_list.cpp、chunk_stack.cpp、compat_posix.cpp、compat_win32.cpp

2.3.1 节将通过介绍 ament 主要函数的 E-R 图、流程图、时序图，以及对 ament 主要函数的分析，更深入介绍 ament 的主要功能。2.3.2 节介绍一个基于 Google Mock 的 MD5 代码白盒测试案例。

2.3.1 主要函数解析

ament 文件中主要类的类间关系如图 2-3 所示，ament 中主要的类包括：AmentCmakeBuildType、BuildAction、AmentPythonBuildType 等。图 2-3 中箭头表示两个类间存在关联关系。箭头端指向的类通常被转化为箭头尾端指向类的一个属性。为了更好地说明这种转化关系，图 2-4 右侧用 UML 表示 Employee 和 TimeCard 之间的关联关系。图 2-4 左侧为根据图 2-4 右侧生成的代码。图 2-4 右侧的 UML 表示，Employee 可以有 0 个或更多的 TimeCard 对象。但是，每个 TimeCard 只从属于单独一个 Employee。

第 2 章　ROS2 Ardent框架及功能的源码分析

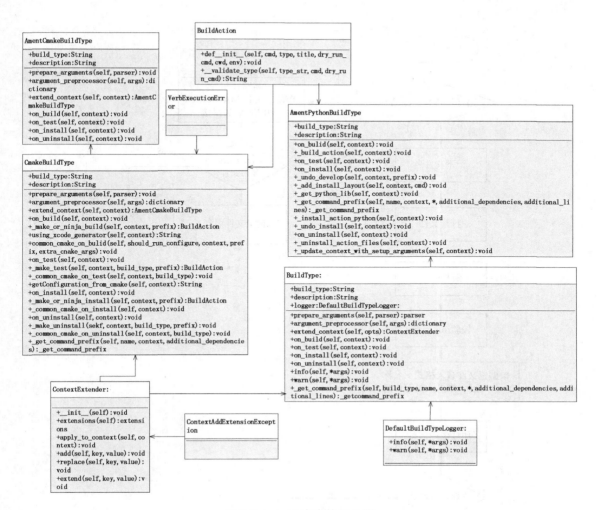

图 2-3　ament 中类的 E-R 图

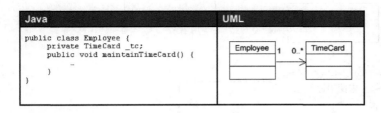

图 2-4　代码与 E-R 图间映射关系

　　ament 在编译过程中主要执行的动作包括：①获取包路径；②解析包；③处理 ament 命令参数。ament 获取包路径是编译的第一步，如图 2-5 所示，以 ament 获取 package_share 路径为例，介绍 ament 获取包路径的程序流程。ament 解析包内容的主要工作在 parse_package 完成，其流程如图 2-6 所示。处理 ament 命令参数流程如图 2-7 所示。

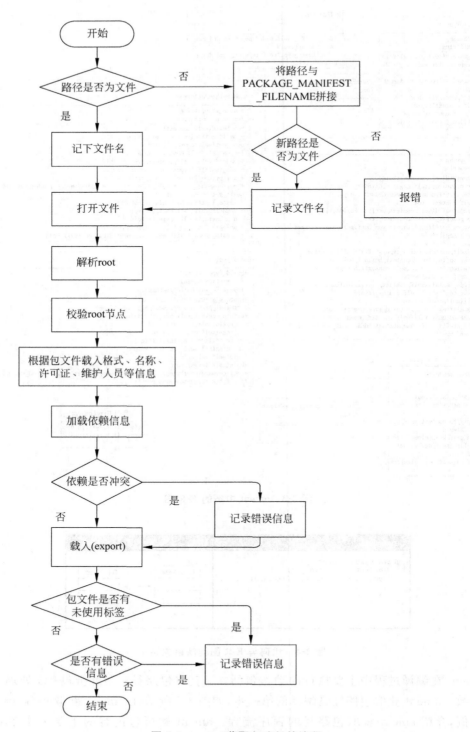

图 2-5 ament 获取包路径的流程

第 2 章 ROS2 Ardent框架及功能的源码分析

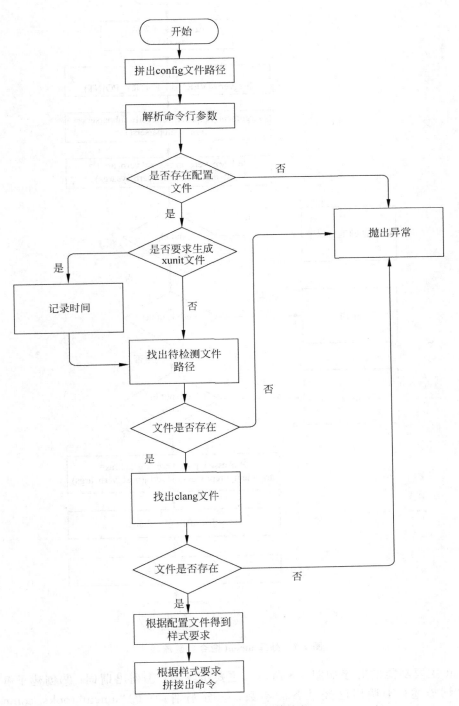

图 2-6 ament 解析包的流程

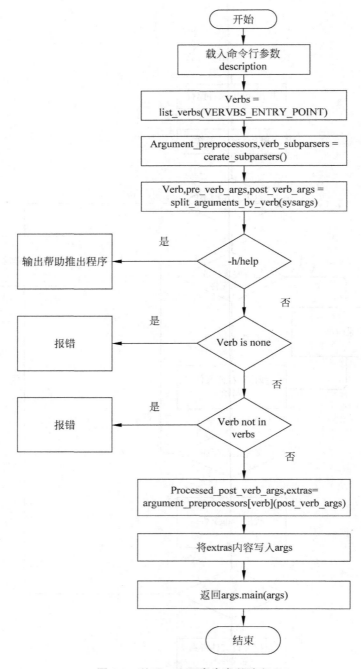

图 2-7 处理 ament 命令参数流程

ament 主要功能的时序如图 2-8 所示。主要步骤为：①列出谓词；②创建子解析器；③载入谓词描述；④调用已经准备的参数；⑤分割谓词；⑥"ament tooks. commands. ament"创建参数预处理器；⑦"ament tools. build. init"创建参数预处理器；⑧"ament tooks. commands. ament"调用"ament tools. build. init"生成完整的工具链；⑨"ament tools. build. init"调用"ament tools. verbs. build. cli"生成命令行。

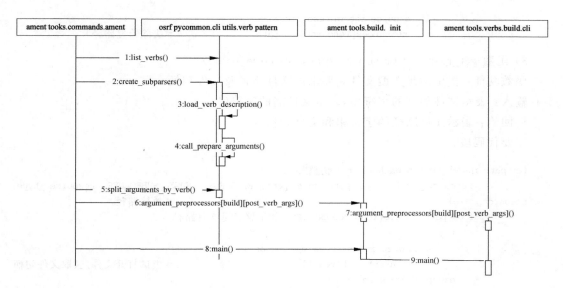

图 2-8　ament 主要功能时序图

1. ament\ament_index 模块

流程：get_package_share_directory 根据给定包的名字给出 share 路径。

1）函数 get_search_paths()

函数功能：根据 AMENT_PREFIX_PATH_ENV_VAR 环境变量找出路径集合。

输入：无。

返回值：多条路径组成的数组。

主要代码段：

```
ament_prefix_path = os.environ.get(AMENT_PREFIX_PATH_ENV_VAR)  #获取环境变量下的内容
    if not ament_prefix_path:
        raise EnvironmentError(
            "Environment variable '{}' is not set or empty".format(AMENT_PREFIX_PATH_ENV_VAR))                                      #异常处理无内容
    paths = ament_prefix_path.split(os.pathsep)        #按分隔符分割出路径集合
```

2）函数 get_resources(resource_type)

函数功能：找出满足要求类型文件的文件名，即路径字典。

输入：表示文件类型的字符串。

返回值：一个表示文件名与路径对应关系的字典。

主要代码段：

```
for path in get_search_paths():  #遍历路径集合
        resource_path = os.path.join(path, RESOURCE_INDEX_SUBFOLDER, resource_type) #拼接出
                                                                                    路径
        if os.path.isdir(resource_path): #如果路径是文件夹才继续
            for resource in os.listdir(resource_path): #遍历文件夹里的文件
                if os.path.isdir(os.path.join(resource_path, resource)) or resource.startswith('.'): #筛选文件及文件夹
                    continue                           #不满足要求跳过
```

```
                    if resource not in resources:
                        resources[resource] = path              #去除重复路径
```

3) 函数 get_resource(resource_type, resource_name)

函数功能：找出满足类型文件名要求的文件路径及文件句柄。

输入：表示文件类型的字符串，表示文件名的字符串。

返回值：表示文件路径的字符串和文件句柄。

主要代码段：

```
for path in get_search_paths():#遍历路径
        resource_path = os.path.join(path, RESOURCE_INDEX_SUBFOLDER, resource_type,
resource_name)                                                  #拼接路径
        if os.path.isfile(resource_path):#如果路径是文件路径
            try:
                with open(resource_path, 'r') as h:
                    content = h.read()                          #尝试打开文件，获取文件句柄
            except OSError as e:
                raise OSError(
                    "Could not open the resource '%s' of type '%s':\n%s"
                    % (resource_name, resource_type, e))        #打开失败抛出异常
            return content, path 返回值
```

2. ament\ament_lint 模块

流程：ament_clang_format 利用 ClangFormat 检查有".c"".cc"".cpp"".cxx"".h"".hh"".hpp"".hxx"扩展名文件的语法样式是否符合规范，同时根据命令行参数决定是否对源文件重新排版布置。

1) 函数 find_executable(file_names)

函数功能：检查文件集合中的文件是否可执行。

输入：由文件名组成的数组。

输出：满足要求的文件路径（字符串）。

主要代码段：

```
paths = os.getenv('PATH').split(os.path.pathsep)                #获取环境变量路径集合
    for file_name in file_names:#遍历文件集合
        for path in paths:#遍历路径集合
            file_path = os.path.join(path, file_name)           #拼出文件路径
            if os.path.isfile(file_path) and os.access(file_path, os.X_OK):#检查文件存在
性与可执行性
                return file_path                                #满足要求即输出
```

2) 函数 get_files(paths, extensions)

函数功能：获取给定路径下满足一定要求的给定扩展名集合的文件集合。

输入：文件路径数组，文件扩展名数组。

输出：文件路径集合。

主要代码段：

```
for path in paths:#遍历路径集合
```

```
            if os.path.isdir(path): #路径是文件夹的情况
                for dirpath, dirnames, filenames in os.walk(path): #遍历路径
                    if 'AMENT_IGNORE' in filenames: #考虑有"AMENT_IGNORE"的路径
                        dirnames[:] = []
                        continue
                    dirnames[:] = [d for d in dirnames if d[0] not in ['.', '_']] #忽略"."和"_"开始的文件夹
                    dirnames.sort()
                    for filename in sorted(filenames):
                        ext = os.path.splitext(filename)
                        if ext in ['.%s' % e for e in extensions]:
                            files.append(os.path.join(dirpath, filename)) #按扩展名添加
            if os.path.isfile(path):
                files.append(path)                                        #如果路径是文件直接添加
```

3) 流程主函数 main(argv=sys.argv[1:])

输入：命令行参数集合。

输出：0 或 1(0 表示正常返回，1 表示异常情况)。

主要代码段：

```
args = parser.parse_args(argv)                                    #解析命令行参数
    if not os.path.exists(args.config_file): #无配置文件异常处理
        print("Could not find config file '%s'" % args.config_file,
              file=sys.stderr)
        return 1
    files = get_files(args.paths, extensions)                     #获取文件集合
    if not files: #找不到文件异常处理
        print('No files found', file=sys.stderr)
        return 1
clang_format_bin = find_executable(bin_names)                     #找到可用的 clang 文件
    with open(args.config_file, 'r') as h:
        content = h.read()                                        #打开配置文件
    data = yaml.load(content)
    style = yaml.dump(data, default_flow_style=true, width=float('inf'))  #加载配置文件
                                                                    的样式要求
    cmd = [clang_format_bin,
           '-output-replacements-xml',
           '-style=%s' % style]
    cmd.extend(files)                                             #拼出命令
    try:
        output = subprocess.check_output(cmd)                     #执行命令得到结果
    if args.reformat and changed_files: #如果命令行参数有要求且文件有变化
        cmd = [clang_format_bin,
               '-i',
               '-style=%s' % style]                               #拼接 reformat 命令
        cmd.extend(files)                                         #加入文件
        try:
            subprocess.check_call(cmd)                            #调用子进程运行命令
```

3. ament_package 模块

流程：parse_package 解析路径下的包文件生成一个包含包信息的类。

1）函数 package_exists_at(path)

函数功能：检查路径下的包文件是否存在。

输入：路径。

输出：true 或 false。

2）函数 parse_package_string(data, *, filename=None)

函数功能：解析包文件的核心函数。

输入：包文件句柄，包文件名。

输出：package 类。

主要代码段：

```
pkg = Package(filename = filename)                              #声明包
nodes = _get_nodes(root, 'package')                             #检查特殊的root标签
    if len(nodes) != 1:
        raise InvalidPackage(
            "The manifest must contain a single 'package' root tag")
    root = nodes[0]
    value = _get_node_attr(root, 'format', default = 1)         #设定类的格式的值
pkg.package_format = int(value)
≪≪≪≪≪≪≪≪≪≪≪≪≪≪≪≪≪≪≪≪≪≪≪≪≪≪≪≪≪≪≪≪≪≪≪≪≪≪≪≪≪≪≪≪≪≪
pkg.exec_depends = _get_dependencies(root, 'exec_depend')       #获取类的#exec_depend
    depends = _get_dependencies(root, 'depend')
    for dep in depends:
        same_build_depends = ['build_depend' for d in pkg.build_depends
                                    if d.name == dep.name]
        same_build_export_depends = ['build_export_depend'
                                            for d in pkg.build_export_depends
                                            if d.name == dep.name]
        same_exec_depends = ['exec_depend' for d in pkg.exec_depends
                                    if d.name == dep.name]      #记录依赖冲突
        if same_build_depends or same_build_export_depends or
                same_exec_depends: #如果依赖冲突了
            errors.append("The generic dependency on '%s' is redundant with: "
                        '%s' % (dep.name,
                                ', '.join(same_build_depends +
                                        same_build_export_depends +
                                        same_exec_depends)))
            errors.append(
                "The generic dependency on '%s' is redundant with: %s" %
                (dep.name, ', '.join(
                    same_build_depends +
                    same_build_export_depends +
                    same_exec_depends)))                        #记录错误
        if not same_build_depends:
            pkg.build_depends.append(deepcopy(dep))             #如果不冲突设定包类的属性
        if not same_build_export_depends:
            pkg.build_export_depends.append(deepcopy(dep))      #如果不冲突则设定包类的属性
```

3) 函数 parse_package(path)

该函数是 ament_package 流程的主函数。

主要代码段：

```
if os.path.isfile(path):
        filename = path                                    #路径是文件就载入该文件
    elif package_exists_at(path):#判断路径文件夹下是否有包文件
        filename = os.path.join(path, PACKAGE_MANIFEST_FILENAME)#载入文件夹下的包文件
≪≪≪≪≪≪≪≪≪≪≪≪≪≪≪≪≪≪≪≪≪≪≪≪≪≪≪≪≪
with open(filename, 'r', encoding = 'utf-8') as f:
        try:
            return parse_package_string(f.read(), filename = filename)#打开包文件调用解包
```

4) 函数 expand_package_level_setup_files(context, environment_hooks, environment_hooks_path)

函数功能：将包级别的设置文件展开。

参数 context：配置参数。

参数 environment_hooks：环境钩子,能够调用环境内的变量及功能。

参数 environment_hooks_path：环境钩子的路径。

函数返回值：展开后的列表。

主要代码段：

```
expand_package_level_setup_files(context, environment_hooks, environment_hooks_path)
#检查是否有数据文件是环境钩子
for data_file in context.get('setup.py', {}).get('data_files', {}).values():
    #如果文件路径不以环境钩子的路径为起始路径,则跳过
    if not data_file.startswith(environment_hooks_path):
        continue
        #忽略不同扩展名的数据文件
    if os.path.splitext(data_file)[1] != os.path.splitext(name[:-3])[1]:
        continue
    local_environment_hooks.append(data_file)
```

5) 函数 prepare_arguments(self, parser)

函数功能：初始化参数。

参数 self：CmakeBuildType,调用自身。

参数 parser：解析器。

函数返回值：无。

主要代码段：

```
prepare_arguments(self, parser):
        parser.add_argument(
            #配置 cmake
        '--force-cmake-configure',
            action = 'store_true',
            #在 cmake 执行过以后调用 cmake
        help = "Invoke 'cmake' even if it has been executed before.")
```

```
            parser.add_argument(
                #cmake 参数
                '--cmake-args',
                nargs='*',
                default=[],
                #对于所有在 CMake 项目中被跳过的参数
            help='Arbitrary arguments which are passed to all CMake projects. '
                #参数集合可用'--'结束
                    "Argument collection can be terminated with '--'.")
            parser.add_argument(
                '--ctest-args',
                nargs='*',
                default=[],
                #对于所有在 CTest 项目中被跳过的参数
            help='Arbitrary arguments which are passed to all CTest invocations. '
                #此选项仅用于'test*'动作
                    "The option is only used by the 'test*' verbs. "
                #参数集合可用'--'结束
                    "Argument collection can be terminated with '--'.")
            #如果操作系统类型为 Mac OS X
        if IS_MACOSX:
            parser.add_argument(
                #使用 Xcode
                '--use-xcode',
                action='store_true',
                #使用 Xcode 替代 make
            help='Use Xcode instead of make ')
        parser.add_argument(
            #使用 ninja
            '--use-ninja',
            action='store_true',
            #使用-G Ninja 调用 cmake 并使用 ninja 来替代 make
            help="Invoke 'cmake' with '-G Ninja' and call ninja instead of make.")
```

6) 函数 CmakeBuildType.argument_preprocessor(self, args)

函数功能：参数预处理。

参数 self：CmakeBuildType，调用自身。

参数 args：参数串。

函数返回值：处理后的两个字符串列表。

主要代码段：

```
argument_preprocessor(self, args):
        #去掉 args 中所有'--cmake-args'串,并获得以'--'为分隔的字符串列表的第一项组成的字符串列表和其他项组成的字符串列表
        args, cmake_args = extract_argument_group(args, '--cmake-args')
        #去掉 args 中所有'--ctest-args'串,并获得以'--'为分隔的字符串列表的第一项组成的字符串列表和其他项组成的字符串列表
    args, ctest_args = extract_argument_group(args, '--ctest-args')
        extras = {
            'cmake_args': cmake_args,
```

```
            'ctest_args': ctest_args,
        }
        #args 为原 args 去掉'--cmake-args'串和'--ctest-args'串后以'--'分隔的字符串列
表的第一项组成的字符串列表
        #extras 为两次操作后剩余的字符串组成的两个字符串列表
        return args, extras
```

7) 函数声明 CmakeBuildType. extend_context(self，options)

函数功能：扩展方法。

参数 self：CmakeBuildType，调用自身。

参数 options：扩展方法的来源。

函数返回值：扩展后的方法库。

主要代码段：

```
extend_context(self, options):
        ce = ContextExtender()
    #获取 options 的 force_cmake_configure 方法，默认值为 false
        force_cmake_configure = getattr(…)
    #如果 options 中存在名为 force_cmake_configure 的方法
        if getattr(options, 'force_configure', false)
            force_cmake_configure = true
    #扩展 force_cmake_configure,cmake_args,ctest_args,use_xcode,use_ninja 方法
        ce.add('force_cmake_configure', force_cmake_configure)
```

8) 函数 CmakeBuildType. on_build（self，options）

函数功能：构建过程。

参数 self：CmakeBuildType，调用自身。

参数 options：context 系统信息。

函数返回值：无。

主要代码段：

```
on_build(self, context):
        should_run_configure = false
        if context.force_cmake_configure: # 如果 context 能够运行 cmake,则执行重新配置操作
            should_run_configure = true
                elif context.use_ninja and not
    ninjabuild_exists_at(context.build_space):
# 如果 context 能够运行 ninja 且 ninja 的路径不在 context 的目录下,则执行重新配置操作
            should_run_configure = true
            elif not makefile_exists_at(context.build_space) or # 如果 cmake 的路径不在 context
的路径下或 cache 的缓存不在 context 的路径下,则执行重新配置操作
                not cmakecache_exists_at(context.build_space):
            should_run_configure = true
        cached_cmake_config = get_cached_config( # 获得缓存配置
            context.build_space, 'cmake_args')
        cmake_config = {…} # 定义标准的缓存配置
        if cmake_config != cached_cmake_config: # 如果当前缓存配置与标准配置不同,则执行重
新配置操作
            should_run_configure = true
```

```
            self.warn('Running cmake because arguments have changed.')
        # 存储下一次使用的cmake配置
        set_cached_config(context.build_space, 'cmake_args',
                          cmake_config)
        # 确定是否有一个到源文件的设置文件
        prefix = self._get_command_prefix('build', context)
        # 计算所有在cmake构建类型中不常见的cmake参数
        extra_cmake_args = []
        if should_run_configure: # 如果需要执行重新配置操作,则在cmake的额外参数中添加
context的cmake参数
            extra_cmake_args += context.cmake_args
        if context.use_ninja: # 如果需要使用ninja,则在cmake的额外参数中添加使用ninja的
参数
            extra_cmake_args += ['-G', 'Ninja']
```

9）函数CmakeBuildType._common_cmake_on_build(self, should_run_configure, context, prefix, extra_cmake_args)

函数功能：通用的cmake构建操作。

参数self：CmakeBuildType，调用自身。

参数should_run_configure：bool类型，表示是否需要重新配置。

参数context：context系统信息。

参数prefix：String类型，指令前缀。

参数extra_cmake_args：String类型，额外的命令行参数。

函数返回值：无。

主要代码段：

```
_common_cmake_on_build(self, should_run_configure, context, prefix, extra_cmake_args):
        # 执行配置步骤
        if should_run_configure: # 如果需要执行配置操作
            if IS_WINDOWS: # 如果操作系统为Windows
                vsv = get_visual_studio_version() # 获得Visual Studio的版本
                if vsv is None: # 如果未设置Visual Studio的版本,则反馈异常
                    sys.stderr.write(…)
                    raise VerbExecutionError('Could not determine Visual Studio Version')
                supported_vsv = { # 支持的Visual Studio的版本
                    '14.0': 'Visual Studio 14 2015 Win64',
                    '15.0': 'Visual Studio 15 2017 Win64',
                }
                if vsv not in supported_vsv: # 如果当前Visual Studio的版本与支持的版本不
同,则反馈异常
                    raise VerbExecutionError('Unknown / unsupported VS version: ' + vsv)
                cmake_args += ['-G', supported_vsv[vsv]]
            elif IS_MACOSX: # 如果操作系统为Mac OS X
                if context.use_xcode or self._using_xcode_generator(context): # 根据是否使
用xcode或使用cmake生成了xcode项目添加不同的cmake参数
                    cmake_args += ['-G', 'Xcode']
                else:
                    cmake_args += ['-G', 'Unix Makefiles']
```

```python
                if CMAKE_EXECUTABLE is None:  # 如果无法执行 cmake,则反馈异常
                    raise VerbExecutionError("Could not find 'cmake' executable")
                yield BuildAction(prefix + [CMAKE_EXECUTABLE] + cmake_args)  # 根据前缀,cmake
执行标志和 cmake 参数生成对应的 BuildAction 类
            elif IS_LINUX:    # 如果操作系统为 Linux
                if MAKE_EXECUTABLE is None:  # 如果无法执行 cmake,则反馈异常
                    raise VerbExecutionError("Could not find 'make' executable")
                yield BuildAction(cmd)  # 根据前缀,cmake 执行标志和字符串 'cmake_check_build_
system'生成对应的 BuildAction 类
        # Now execute the build step
        if IS_LINUX:  # 如果操作系统为 Linux
            yield self._make_or_ninja_build(context, prefix)  # 生成搭建的 ninja 环境
        elif IS_WINDOWS:  # 如果操作系统为 Windows
            if MSBUILD_EXECUTABLE is None:  # 如果无法执行 msbuild,则反馈异常
                raise VerbExecutionError("Could not find 'msbuild' executable")
            solution_file = solution_file_exists_at  # 合成解决方案文件路径
            # 将并行标记转换为 msbuild 标志
            msbuild_flags = [ … ]
            if msbuild_flags:
                cmd += msbuild_flags
                if any(x.startswith('/m') for x in msbuild_flags) and \
                        '/m:1' not in msbuild_flags:  # 如果 msbuild_flags 中有一个并行标志,而它
不是/m1,那么打开编译器
                    env = dict(os.environ)
                    if 'CL' in env:
                        # 确保 env['CL']不包含一个/MP
                        if not any(x.startswith('/MP') for x in env['CL'].split(' ')):
                            env['CL'] += ' /MP'
                    else:  # 将 CL 加到标志上
                        env['CL'] = '/MP'
            cmd += [
                '/p:Configuration=%s' %
                self._get_configuration_from_cmake(context), solution_file]
            yield BuildAction(cmd, env=env)  # 根据指令和环境变量生成一个 BuildAction 类
        elif IS_MACOSX:  # 如果操作系统为 Mac OS X
            if self._using_xcode_generator(context):  # 如果使用的是 xcode 的生成器,则执行
以下操作并生成一个 BuildAction 类,否则生成搭建的 ninja 环境
                if XCODEBUILD_EXECUTABLE is None:  # 如果无法执行 xcodebuild,则反馈异常
                    raise VerbExecutionError("Could not find 'xcodebuild' executable")
                for flag in context.make_flags:  # 将 context 的所有标志中以 -j 开始的标志替
换后加入本地标志表内,再将其他不以 -l 开始的标志加入到标志表内
                    if flag.startswith('-j'):
                        xcodebuild_flags.append( … )
                    elif not flag.startswith('-l'):
                        xcodebuild_flags.append(flag)
                xcodebuild_flags += ['-configuration']
                xcodebuild_flags += [self._get_configuration_from_cmake(context)]  # 将 cmake
的配置加入标志表内
                cmd.extend(xcodebuild_flags)  # 将所有标志加入指令
                yield BuildAction(cmd)  # 根据指令生成一个 BuildAction 类
            else:
```

```
                yield self._make_or_ninja_build(context, prefix)
        else:  # 如果不是以上几个操作系统,则反馈异常
            raise VerbExecutionError('Could not determine operating system')
```

10)函数 CmakeBuildType._make_test(self,context,build_type,prefix)

函数功能:进行测试的函数。

参数 self:CmakeBuildType,调用自身。

参数 context:context 系统信息。

参数 build_type:String 类型,构建类型。

参数 prefix:String 类型,指令前缀。

函数返回值:BuildAction。

主要代码段:

```
_make_test(self, context, build_type, prefix):
        if has_make_target(context.build_space, 'test') or context.dry_run:  # 如果已经达到目标或系统在空运行
            if MAKE_EXECUTABLE is None:  # 如果无法执行 make,则反馈异常
                raise VerbExecutionError("Could not find 'make' executable")
            if args:
                # 由于每个项目都将引用 shlex,因此此处并未引用,如果有必要,则在后续引用
                cmd.append('ARGS = %s' % ' '.join(args))
            return BuildAction(cmd)
```

11)函数 CmakeBuildType._common_cmake_on_test(self,context,build_type)

函数功能:通用的 cmake 测试操作。

参数 self:CmakeBuildType,调用自身。

参数 context:context 系统信息。

参数 build_type:String 类型,构建类型。

函数返回值:无。

主要代码段:

```
# 通用的 cmake 测试操作
_common_cmake_on_test(self, context, build_type):
        assert context.build_tests
        # 确定是否有一个安装文件,也将 exec 依赖项传递到命令前缀文件中
        prefix = self._get_command_prefix(…)
        if IS_LINUX:  # 如果操作系统为 Linux
            build_action = self._make_test(context, build_type, prefix)
            if build_action:  # 如果成功测试则生成对应的 BuildAction 类
                yield build_action
        elif IS_WINDOWS:  # 如果操作系统为 Windows
            if CTEST_EXECUTABLE is None:  # 如果无法执行 ctest,则反馈异常
                raise VerbExecutionError("Could not find 'ctest' executable")
            # 直接调用 CTest 来传递参数
            cmd = prefix + [
                CTEST_EXECUTABLE,
                # 在 Windows 上选择配置
                '-C', self._get_configuration_from_cmake(context),
```

```
            # 生成测试摘要的 XML
            '-D', 'ExperimentalTest', '--no-compress-output',
            # 显示所有测试输出
            '-V',
            '--force-new-ctest-process'] + \
            context.ctest_args
        if context.retest_until_pass and context.test_iteration:  # 如果 context 未通过
测试或测试中出现迭代
            cmd += ['--rerun-failed']
        yield BuildAction(cmd)  # 根据指令返回 BuildAction 类
    elif IS_MACOSX:  # 如果操作系统为 Mac OS X
        if self._using_xcode_generator(context):  # 如果使用的是 xcode 的生成器,则执行
以下操作并生成一个 BuildAction 类,否则生成测试获得的 BuildAction 类
            if XCODEBUILD_EXECUTABLE is None:  # 如果无法执行 xcodebuild,则反馈异常
                raise VerbExecutionError("Could not find 'xcodebuild' executable")
            if build_action:  # 如果成功测试,则生成对应的 BuildAction 类
                yield build_action
    else:  # 如果不是以上几个操作系统,则返回异常
        raise VerbExecutionError('Could not determine operating system')
```

12)函数 CmakeBuildType._get_configuration_from_cmake(self,context)

函数功能:获得 cmake 的配置。

参数 self:CmakeBuildType,调用自身。

参数 context:context 系统信息。

函数返回值:String('Debug')或 String('Release')。

主要代码段:

```
# 获得 cmake 的配置
_get_configuration_from_cmake(self, context):
    # 在命令行参数中检查 CMake 构建类型
    arg_prefix = '-DCMAKE_BUILD_TYPE='
    build_type = None
    for cmake_arg in context.cmake_args:
        if cmake_arg.startswith(arg_prefix):  # 如果环境中的 cmeke 参数拥有特定的前缀,
则将此前缀作为构建类型
            build_type = cmake_arg[len(arg_prefix):]
            break
    else:
        # 从 CMake 缓存中获取 CMake 构建类型
        line_prefix = 'CMAKE_BUILD_TYPE:'
        cmake_cache = os.path.join(context.build_space, 'CMakeCache.txt')
        if os.path.exists(cmake_cache):  # 如果 cmake 缓存存在
            with open(cmake_cache, 'r') as h:  # 则将其以读的形式打开并按行分开
                lines = h.read().splitlines()
            for line in lines:  # 对于每行内容,如果以特定的字符串开始并且数据相同,则
将部分数据作为构建类型
                if line.startswith(line_prefix):
                    try:
                        index = line.index('=')
                    except ValueError:
```

```
                        continue
                    build_type = line[ index + 1:]
                    break
        if build_type in ['Debug']: # 如果构建类型为 Debug,则返回 Debug,否则返回 Release
            return 'Debug'
        return 'Release'
```

13) 函数 CmakeBuildType.on_install（self, context）

函数功能：安装中的操作。

参数 self：CmakeBuildType，调用自身。

参数 context：context 系统信息。

函数返回值：无。

主要代码段：

```
on_install(self, context):
        # 首先确定路径被部署为 skip_if_exists = true 并删除它们的文件
        environment_hooks_path =
            os.path.join('share', context.package_manifest.name, 'environment')
        ......
        # 准备部署 ament 前缀路径环境钩子
        ext = '.sh' if not IS_WINDOWS else '.bat'
        ament_prefix_path_template_path = get_environment_hook_template_path(
            'ament_prefix_path' + ext)
        environment_hooks_to_be_deployed.append(ament_prefix_path_template_path)
        environment_hooks.append(os.path.join(environment_hooks_path, 'ament_prefix_path' + ext))
        # 准备部署路径环境钩子
        ext = '.sh' if not IS_WINDOWS else '.bat'
        path_template_path = get_environment_hook_template_path('path' + ext)
        environment_hooks_to_be_deployed.append(path_template_path)
        environment_hooks.append(os.path.join(environment_hooks_path, 'path' + ext))
        # 如果不在 Windows 上,准备部署库路径环境钩子
        if not IS_WINDOWS:
            library_template_path = get_environment_hook_template_path('library_path.sh')
            environment_hooks_to_be_deployed.append(library_template_path)
            environment_hooks.append(os.path.join(environment_hooks_path, 'library_path.sh'))
        # 展开包级别配置文件
        destinations = expand_package_level_setup_files(context, environment_hooks, environment_hooks_path)
        # 删除包级别设置文件,以便在 cmake 安装步骤中或稍后使用 deploy_file
        for destination in destinations:
            if os.path.exists(destination_path) or os.path.islink(destination_path):
                os.remove(destination_path)
        # 调用 cmake 指令 on_install
        for step in self._common_cmake_on_install(context):
            yield step
        # 安装需要扩展环境的文件以使用这个包创建标记文件
        marker_file = os.path.join( … )
        if not os.path.exists(marker_file): # 如果目录不存在,则创建目录树并写入路径
            os.makedirs(os.path.dirname(marker_file), exist_ok = true)
```

```
            with open(marker_file, 'w'):
                pass
        # 部署环境钩子
        for environment_hook in environment_hooks_to_be_deployed:
            deploy_file(…)
        # 扩展包级别配置文件
        for destination in destinations:
            deploy_file(…)
```

14）函数 CmakeBuildType._common_cmake_on_install(self，context)

函数功能：通用的 cmake 安装过程。

参数 self：CmakeBuildType，调用自身。

参数 context：context 系统信息。

函数返回值：无。

主要代码段：

```
_common_cmake_on_install(self, context):
        # 获得安装文件的前缀
        prefix = self._get_command_prefix('install', context)
        if IS_LINUX: # 如果操作系统为 Linux,则在成功获得安装 ninja 环境的指令后生成对应的 BuildAction 类
            build_action = self._make_or_ninja_install(context, prefix)
            if build_action:
                yield build_action
        elif IS_WINDOWS: # 如果操作系统为 Windows
            install_project_file = project_file_exists_at( # 获取安装文件路径
                context.build_space, 'INSTALL')
            if install_project_file is not None: # 如果路径合法,则执行以下操作,否则发出警告
                if MSBUILD_EXECUTABLE is None: # 如果执行 msbuild 失败,则反馈异常,否则生成对应的 BuildAction 类
                    raise VerbExecutionError("Could not find 'msbuild' executable")
                yield BuildAction(…)
            else:
                self.warn("Could not find Visual Studio project file 'INSTALL.vcxproj'")
        elif IS_MACOSX: # 如果操作系统为 MacOSX
            if self._using_xcode_generator(context): # 如果使用 xcode 的生成器
                # Xcode CMake 生成器将生成一个名为 install_postBuildPhase 的文件。如果在 CMakeLists 中有安装命令,则在 cmakes 目录中创建 makeRelease.txt 文件的包裹。
                # 如果要安装任何东西,只需要调用 xcodebuild 的安装目标。
                install_cmake_file_path = os.path.join(…)
                install_cmake_file = os.path.isfile(install_cmake_file_path)
                if install_cmake_file: # 如果 cmake 安装文件存在
                    if XCODEBUILD_EXECUTABLE is None: # 如果执行 xcodebuild 失败,则反馈异常,否则生成对应的 BuildAction 类
                        raise VerbExecutionError("Could not find 'xcodebuild' executable")
                    cmd = prefix + [XCODEBUILD_EXECUTABLE]
                    cmd += ['-target', 'install']
                    yield BuildAction(cmd)
            else: # 如果不使用 xcode 的生成器,则生成安装 ninja 的 BuildAction 类
                build_action = self._make_or_ninja_install(context, prefix)
```

                if build_action:
                    yield build_action
        else: ＃ 如果不是以上几个操作系统,则反馈异常
            raise VerbExecutionError('Could not determine operating system')

15) 函数 CmakeBuildType. _common_cmake_on_uninstall(self,context,build_type)

函数功能：通用的 cmake 卸载过程。

参数 self：CmakeBuildType,调用自身。

参数 context：context 系统信息。

参数 build_type：String 类型,构建类型。

函数返回值：无。

主要代码段：

```
_common_cmake_on_uninstall(self, context, build_type):
        ＃ 获得安装文件的前缀
        prefix = self._get_command_prefix('uninstall', context)
        if IS_LINUX: ＃ 如果操作系统为 Linux,则在成功调用自身卸载函数后返回对应的
BuildAction 类
            build_action = self._make_uninstall(context, build_type, prefix)
            if build_action:
                yield build_action
        elif IS_WINDOWS: ＃ 如果操作系统为 Windows
            if MSBUILD_EXECUTABLE is None: ＃ 如果执行 msbuild 失败,则反馈异常
                raise VerbExecutionError("Could not find 'msbuild' executable")
            uninstall_project_file = project_file_exists_at(context.build_space, 'UNINSTALL') ＃ 获得卸载文件的路径
            if uninstall_project_file is not None: ＃ 如果卸载文件路径合法,则生成对应的
BuildAction 类,否则发出警告
                yield BuildAction(prefix + [MSBUILD_EXECUTABLE, uninstall_project_file])
            else:
                self.warn("Could not find Visual Studio project file 'UNINSTALL.vcxproj'")
        elif IS_MACOSX: ＃ 如果操作系统为 Mac OS X
            if self._using_xcode_generator(context): ＃ 如果使用 xcode 生成器
                if XCODEBUILD_EXECUTABLE is None: ＃ 如果执行 xcodebuild 失败,则反馈异常,否
则生成对应的 BuildAction 类
                    raise VerbExecutionError("Could not find 'xcodebuild' executable")
                cmd = prefix + [XCODEBUILD_EXECUTABLE]
                cmd += ['-target', 'uninstall']
                yield BuildAction(cmd)
            else: ＃ 如果不使用 xcode 生成器,则在成功调用自身卸载函数后返回对应的
BuildAction 类
                build_action = self._make_uninstall(context, build_type, prefix)
                if build_action:
                    yield build_action
        else: ＃ 如果不是以上几个操作系统,则反馈异常
            raise VerbExecutionError('Could not determine operating system')
```

16) 函数 AmentPythonBuildType.on_test(self,context)

函数功能：测试过程。

参数 self：AmentPythonBuildType，调用自身。

参数 context：系统信息。

函数返回值：无。

主要代码段：

```
on_test(self, context):
        # 执行 nosetests 并避免在源目录添加文件
        coverage_file = os.path.join(context.build_space, '.coverage')
        additional_lines = []
        if not IS_WINDOWS:  # 根据是否为 Windows 添加不同的额外行
            additional_lines.append('export COVERAGE_FILE="%s"' % coverage_file)
        else:
            additional_lines.append('set "COVERAGE_FILE=%s"' % coverage_file)
        # 将执行程序依赖项传递到命令前缀文件
        prefix = self._get_command_prefix(…)  # 先获取命令前缀
        xunit_file = os.path.join(…)  # 根据 xunit 文件路径生成目录树
        assert nose, 'Could not find nosetests'
        # 使用 -m 模块选项执行 nose,以确保得到所需的版本
        nosetests_cmd = [context.python_interpreter, '-m', nose.__name__]
        coverage_xml_file = os.path.join(context.build_space, 'coverage.xml')  # 对于不同的
版本添加不同的指令内容
        if LooseVersion(nose.__version__) >= LooseVersion('1.3.5'):
            ……
            if LooseVersion(nose.__version__) >= LooseVersion('1.3.8'):
        # 覆盖所有的根路径包
            packages = setuptools.find_packages(
                context.source_space, exclude=['*.*'])
            for package in packages:
```

17）函数 AmentPythonBuildType.on_install(self，context)

函数功能：安装过程。

参数 self：AmentPythonBuildType，调用自身。

参数 context：系统信息。

函数返回值：无。

主要代码段：

```
on_install(self, context):
        self._update_context_with_setup_arguments(context)  # 使用设置参数更新系统
        yield BuildAction(self._install_action_files, type='function')  # 根据安装操作路径
生成对应的 BuildAction 类
        os.makedirs(context.build_space, exist_ok=true)  # 在构建空间生成目录树
        python_path = os.path.join(  # 确保 Python 路径存在
            context.install_space, self._get_python_lib(context))
        os.makedirs(python_path, exist_ok=true)  # 在 Python 路径生成目录树
        prefix = self._get_command_prefix('install', context)  # 获取指令前缀
        if not context.symlink_install:  # 如果无法使用符号链接安装
            for action in self._undo_develop(context, prefix)  # 如果发现撤销标记,则撤销之
前的行动
                yield action
```

```
            cmd = [...]
            self._add_install_layout(context, cmd) # 添加安装格式
            yield BuildAction(prefix + cmd, cwd=context.source_space) # 根据组合的指令生
成对应的 BuildAction 类
        else: # 如果可以使用符号链接安装
            yield BuildAction(self._install_action_python, type='function') # 使用 Python
的安装操作生成对应的 BuildAction 类
            # 执行构建空间中的开发步骤,以避免在源目录添加文件
            cmd = [...]
            # 确保在重叠工作区中开发包将在冲突事件中得到优先级
            if 'SETUPTOOLS_SYS_PATH_TECHNIQUE' not in env:
                env['SETUPTOOLS_SYS_PATH_TECHNIQUE'] = 'rewrite'
            yield BuildAction(prefix + cmd, cwd=context.build_space, env=env) # 根据组合
的指令生成对应的 BuildAction 类
```

18)函数 AmentPythonBuildType._undo_install(self,context)

函数功能:取消安装。

参数 self:AmentPythonBuildType,调用自身。

参数 context:系统信息。

函数返回值:无。

主要代码段:

```
_undo_install(self, context):
        # 如果找到了 install.log,则在安装之前取消安装
        install_log = os.path.join(context.build_space, 'install.log')
        if os.path.exists(install_log):
            with open(install_log, 'r') as h: # 读取安装记录
                lines = [l.rstrip() for l in h.readlines()]
            directories = set()
            install_space = context.install_space + os.sep
            # 对于每行记录检查其路径或文件是否存在并以特定格式开始,并在其为路径时将其
移除,然后找到安装的根目录,并将其加入目录字典
            for line in lines:
                if os.path.exists(line) and \
                        line.startswith(install_space):
                    if not os.path.isdir(line):
                        os.remove(line)
                        while true:
                            line = os.path.dirname(line)
                            if not line.startswith(install_space):
                                break
                            directories.add(line)
            # 对字典内的所有路径进行排序后删除空路径
            for d in sorted(directories, reverse=true):
                try:
                    os.rmdir(d)
                except OSError:
                    pass
            # 删除安装记录
            os.remove(install_log)
```

```
                # 从自动安装文件中删除条目
                easy_install = os.path.join(
                    context.install_space, self._get_python_lib(context),
                    'easy-install.pth')
                if os.path.exists(easy_install):  # 如果自动安装文件存在
                    with open(easy_install, 'r') as h:  # 打开文件并读取其内容
                        content = h.read()
                    pattern = r'^\./%s-\d.+\.egg\n' % \
                        re.escape(context.package_manifest.name)
                    matches = re.findall(pattern, content, re.MULTILINE)
                    # 找到所有目标条目并将其从系统和文件内删除
                    if len(matches) > 0:
                        assert len(matches) == 1, \
                            "Multiple matching entries in '%s'" % easy_install
                        content = content.replace(matches[0], '')
                        with open(easy_install, 'w') as h:
                            h.write(content)
```

19) 函数 AmentPythonBuildType.on_uninstall(self, context)

函数功能：卸载过程。

参数 self：AmentPythonBuildType，调用自身。

参数 context：系统信息。

函数返回值：无。

主要代码段：

```
def on_uninstall(self, context):
    yield BuildAction(self._uninstall_action_files, type='function')
    # 确定是否有目标文件
    prefix = self._get_command_prefix('uninstall', context)
    for action in self._undo_develop(context, prefix) or []:  # 不断根据指令前缀执行取消
```
展开操作

20) 函数 _execute_process_pty(cmd, cwd, env, shell, stderr_to_stdout=true)

函数功能：用参数执行一个命令并逐行返回输出。

参数 cmd：cmd 命令的字符串列表，参数类型 list。

参数 cwd：cwd 运行命令的路径。

参数 env：用于执行命令的环境字典。

参数 shell：如果使用系统 shell 来评估命令，则默认为 False。

函数返回值：无。

21) 函数 _close_fds(fds_to_close)：

函数功能：用于关闭（如果尚未关闭）任何使用的 fds。

参数 fds_to_close：要关闭的文件系统。

函数返回值：无。

22) 函数 _yield_data(p, fds, left_overs, linesep, fds_to_close=None)

函数功能：使用 select 和 subprocess.Popen.poll 从一个子进程中收集，直到完成为止。

参数 fds：文件系统。

参数 left_overs：剩余数据。

参数 linesep：行分割。

参数 fds_to_close=None：关闭的文件系统。

返回值：无。

在 Linux 上，当使用 pty 时，为了在子进程结束时返回 select，必须在使用 popen 分支子进程后，在 slave pty fd 上调用 os.close。在一些版本的 Linux 内核上，这会导致 Errno 5 OSError，"输入/输出错误"。因此，需要明确地捕捉并传递这个错误。在测试中，这个错误不会重复发生，它不会变成一个繁忙的等待。

4. ament 的 osrf_pycommon 模块

ament\osrf_pycommon\osrf_pycommon\process_utils：impl.py

1）函数 execute_process(cmd, cwd=None, env=None, shell=False, emulate_tty=False)

函数功能：用参数执行一个命令并逐行返回输出。除了参数 emulate_tty，其他参数都直接传递给 subprocess.Popen。函数 execute_process 返回一个生成器，它将逐行生成输出，直到子进程结束，返回被生成代码。

参数 cmd：一个命令的字符串列表，直接传递给：py：class：subprocess.Popen。

参数 cwd：运行命令的路径，默认为 None，可使用 os.getcwd 获取。

参数 env：用于执行命令的环境字典，默认值为 None。

参数 shell：如果使用系统 shell 来评估命令，则默认为 False。

参数 emulate_tty：如果取值为 true，则试图将父进程的 pty 与子进程共用。默认为 False。返回一个一行一行地从命令行输出的发生器。

返回值：返回生成器。

2）函数 create_subparsers(parser, cmd_name, verbs, group, sysargs, title=None)

函数功能：为每个可被发现的谓词创建 argparse 子分析器。

参数 parser：当前命令的解析器。

参数 cmd_name：要添加谓词的命令名称。

参数 verbs：谓词列表。

参数 group：谓词的 entry_point 组的名称。

参数 sysargs：系统参数列表。

参数 title：命令的可选自定义标题。

返回值：包含 argument_preprocessors 和 verb subparsers 的元组。

3）函数 list_verbs(group)

函数功能：列出可用于给定 entry_point 组的谓词。

参数 group：列出谓词的 entry_point 组名称。

返回值：给定 entry_point 组的谓词名称列表。

4）函数 load_verb_description(verb_name, group)

函数功能：按名称加载给定组中谓词的描述。

参数 verb_name：要加载的谓词的名称，字符串类型。

参数 group：谓词所在的 entry_point 组名。

返回值：返回谓词说明。

5）函数 split_arguments_by_verb(arguments)

函数功能：给定一个参数列表（字符串列表）按谓词拆分参数。

参数 arguments：给定的参数列表。

返回值：按谓词拆分结果。

6）函数 extract_jobs_flags(arguments)

函数功能：从其他 make 标志的列表提取制作作业标志。使作业标志匹配并从参数中移除已经匹配过的标志。

参数 arguments：以空格分隔的字符串。

返回值：返回 make 作业标志和剩下的输入参数。如果没有遇到任务标志，则返回一个空字符串作为返回元组的第一个元素。

5. ament 的 uncrustify 模块

align.cpp 文件

1）函数 static chunk_t * align_var_def_brace(chunk_t * pc, int span, int * nl_count)

函数功能：扫描当前级别的所有内容，直到找到大括号并找到变量 align 列。

参数 pc：下一个 chunk。

返回值：无。

2）函数 static chunk_t * align_trailing_comments(chunk_t * start)

函数功能：对齐以注释结尾的一系列行。当找到多于 align_right_cmt_span 换行符时，系列结束。

参数 start：块的开始位置。

返回值：最后一项的指针。

3）函数 static void align_init_brace(chunk_t * start)

函数功能：将 '='、'{'、'('和','之后的项目对齐，通过扫描第一行，并获取这些标签的位置，然后扫描后续行并调整列。

参数 start：块的开始位置。

返回值：无。

4）函数 static void align_func_proto(int span)

函数功能：对齐文件中的所有函数原型。

参数 span：跨度。

返回值：无。

5）函数 static void align_typedefs(int span)

函数功能：对齐每个包含在一行中的简单 typedef。在 typedef 目标被标记为一个类型之后调用。

参数 span：跨度。

返回值：无。

6）函数 static void align_left_shift(void)

函数功能：对齐"<<"左移。

参数：无。

返回值：无。

7）函数 static void align_oc_msg_colons()

函数功能：对齐 OC 消息。

参数：无。

返回值：无。

8）函数 static void align_asm_colon(void)

函数功能：在冒号上对齐 asm 声明。

参数：无。

返回值：无。

backup.cpp 文件

9）函数 int backup_copy_file(const char * filename, const vector<UINT8>& data)

函数功能：检查 backup-md5 文件，并根据需要将输入文件备份。

参数 filename：输入文件名。

参数 data：存放 MD5 明文。

返回值：无。

10）函数 void backup_create_md5_file(const char * filename)

函数功能：计算一个文件的 MD5 值。

参数 filename：输入文件名。

返回值：无。

align_stack.cpp 文件

11）函数 void AlignStack::Start(int span, int thresh)

函数功能：分配内存空间，包括两个 ChunkLists 和零局部变量。

参数 span：行跨度限制。

参数 thresh：列阈值。

返回值：无。

12）函数 void AlignStack::ReAddSkipped()

函数功能：重新加载所有被跳过的项目。

参数：无。

返回值：无。

13）函数 void AlignStack::Add(chunk_t * start, int seqnum)

函数功能：添加一些换行符，并在需要时调用 flush 函数。

参数 start：块的开始位置。

参数 seqnum：可选序列数。

返回值：无。

14）函数 void AlignStack::Reset()

函数功能：重置堆栈，丢弃之前添加的任何内容。

参数：无参数。

返回值：无。

args.cpp 文件

15）函数 Args::Args(int argc, char ** argv)

函数功能：存储值并为"used"标志分配足够的内存。

参数 argc：传递给 main( ) 的 argc。

参数 argv：传递给 main( ) 的 argv。

返回值：无。

16）函数 bool Args::Present(const char * token)

函数功能：检查确切的匹配。

参数 token：要匹配的字符串。

返回值：是否存在匹配项。

17）函数 const char * Args::Params(const char * token, int & index)

函数功能：扫描一个匹配。

参数 token：要匹配的标记字符串。

参数 index：索引位置。

返回值：NULL 或指向字符串的指针。

brace_cleanup.cpp 文件

18）函数 static void parse_cleanup(struct parse_frame * frm, chunk_t * pc)

函数功能：检索所有未使用的参数。可将索引设置为 1 以跳过 argv[0]。

参数 frm：解析框架。

参数 pc：当前块。

返回值：NULL 或指向字符串的指针。

19）函数 static bool check_complex_statements(struct parse_frame * frm, chunk_t * pc)

函数功能：检查复杂语句的进度。

参数 frm：解析框架。

参数 pc：当前块。

返回值：true，用这个块完成；false，继续处理。

braces.cpp 文件

20）函数 static void convert_brace(chunk_t * br)

函数功能：将单个大括号转换为虚拟大括号。

参数 br：包含大括号的块。

返回值：无。

21）函数 static void convert_vbrace(chunk_t * vbr)

函数功能：将单个虚拟大括号转换为大括号。

参数 vbr：包含虚拟大括号的块。

返回值：无。

22）函数 static bool should_add_braces(chunk_t * vbopen)

函数功能：检查虚拟大括号是否应该转换为真正的大括号。

参数 vbopen：虚拟大括号打开的块。

返回值：true，转换成真正的大括号；false，单独留下。

2.3.2 基于 Google Mock 的白盒测试

ament 的 Google Test 子文件夹是关于使用 Google Mock 的示例。Google Mock 可以很方便地在大型系统中测试局部代码。下面介绍一个基于 Google Mock 测试 MD5 代码的示例。

1. 搭建 Google Test 框架

从 github 上下载发行版本 release-1.8.0，下载地址为 https://github.com/google/googletest。下载完之后解压文件，并且打开 Visual Studio，导入 googletest/msvc/gtest.sln 之后会有 4 个项目模块，分别为 gtest、gtest_main、gtest_prod_test、gtest_unittest。Google Test 项目目录结果展示如图 2-9 所示。

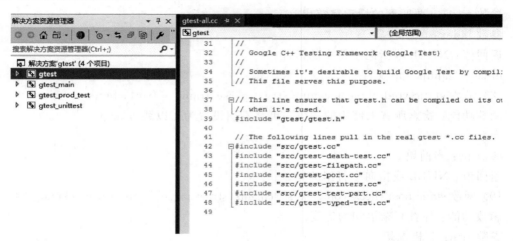

图 2-9 Google Test 的项目目录

2. 编译

在 debug 模式下将 gtest 和 gtest_main 都编译一遍。在 Visud Studio 里面直接单击"调试"，在导入 gtest.sln 的路径下生成一个 gtest 目录，包含一个文件夹，即 Win32-Debug，里面有两个二进制文件：gtestd.lib 和 gtest_maind.lib。生成 Google Test 的生成库 gtestd.lib 后，需要在测试项目里面配置属性，添加 gtest 的相关文件。

3. MD5 代码的导入与配置

（1）新建一个 Win32 应用项目，将 ament 目录下的 md5.h 与 md5.cpp 导入至项目里，然后添加 base_types.h、windows_compat.h 等文件。文件目录如图 2-10 所示。

（2）配置属性，使用 Google Test，右击"工程名"，单击"属性"，选择配置属性下的 C/C++，再单击"代码生成"，设置运行库为多线程调试(/MTD)。MD5 测试属性配置如图 2-11 所示。

第 2 章　ROS2 Ardent框架及功能的源码分析

图 2-10　导入 MD5 代码后的文件目录

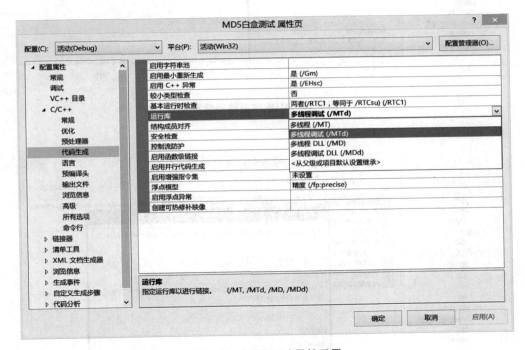

图 2-11　MD5 测试属性配置

（3）配置工程属性，选择 C/C++常规设置，在附加包含目录里面添加 googletest\include 的绝对路径。MD5 代码路径设置如图 2-12 所示。

展开"链接器—输入"，在"附加依赖项"中添加第 2 步生成的 gtestd.lib，附加上正确的路径。MD5 代码库文件配置如图 2-13 所示。

4．MD5 代码测试

MD5 代码示例如图 2-14 所示。MD5 代码测试结果如图 2-15 所示。

当设置第一个为正常结果，第二、三个均为错误示例时，可以看到经过 Google Test 之后，第一个测试通过，第二个和第三个测试均没有通过，说明 Google Test 运行成功。

图 2-12 MD5 代码路径配置

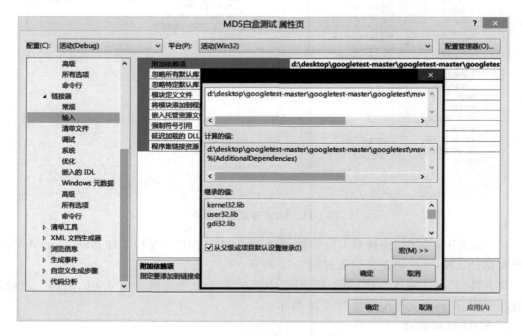

图 2-13 MD5 代码库文件配置

第 2 章 ROS2 Ardent框架及功能的源码分析

```cpp
#include "stdafx.h"
#include <gtest/gtest.h>
#include "md5.h"
#include "base_types.h"
#include <string>
using namespace std;

string decode32( UINT8 digest[16]) { ... }

//正确范例
TEST(MD5Test, Calc)
{
    MD5* md5 = new MD5();
    ASSERT_TRUE(md5 != NULL);
    char* data = "askdkasdfkjbajfbasdkjb";
    UINT8 digest[16];
    md5->Calc(data, strlen(data), digest);
    string decode = decode32(digest);
    EXPECT_STRCASEEQ("cded6ffbfd98cbfcbcf7b175a4e7bede", decode.c_str());
    delete md5;
}
```

图 2-14 MD5 代码

图 2-15 MD5 代码测试结果

2.4 Fast-CDR 代码分析

Fast-CDR 整体实现了对 C++中的基本数据类型以及数组对象的序列化和反序列化操作。这两个操作由 Cdr 类中的 serialize 方法和 deseialize 方法来完成。这两个方法都会涉及一个 fastbuffer 类,序列化和反序列化的数据由这个 fastbuffer 类的实例保存。Fast-CDR 的文件结构如图 2-16 所示。Fast-CDR 类的 E-R 图如图 2-17 所示。

1. 序列化/反序列化变量

序列化/反序列化一个变量是函数持久化的基本步骤,变量的类型可以是任何基本类型,如 int、double 等。序列化/反序列化一个变量的流程图如图 2-18 所示。

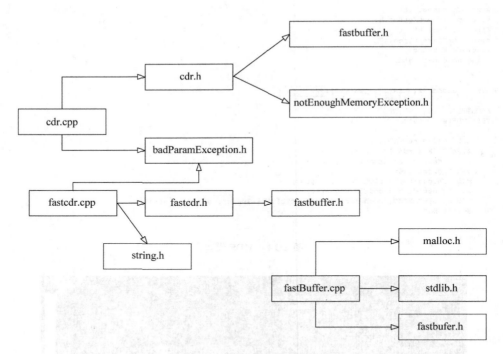

图 2-16　Fast-CDR 的文件结构

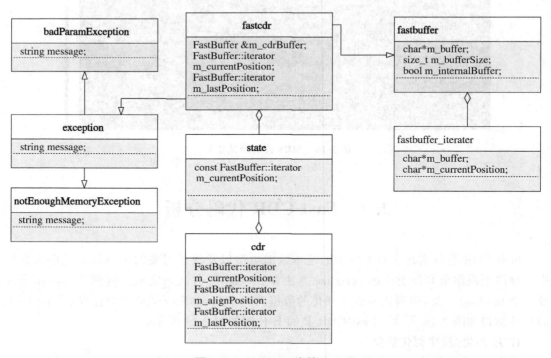

图 2-17　Fast-CDR 类的 E-R 图

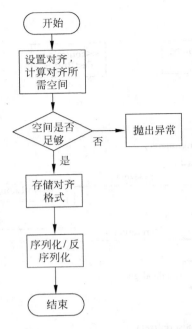

图 2-18 序列化/反序列化一个变量的流程图

1）序列化变量

序列化变量是 Cdr 主要功能,序列化变量时序图如图 2-19 所示。序列化变量的主要代码为 Fast-CDR 目录下的 Cdr.cpp、FastBuffer.cpp、Exception.cpp。

下面以序列化一个"int16_t"类型的变量为例,解释序列化过程。

函数:Cdr& Cdr::serialize(const int16_t short_t)将一个 int16_t 的数据序列化到 Cdr 所包含的 fastbuffer。

参数:short_t,待序列化的 int16_t 类型的变量。

返回值:Cdr 本身的引用。

函数异常:fastbuffer 空间不足。

核心功能代码注释:

```
if(m_swapBytes) //检查字节序
    {
        const char * dst = reinterpret_cast<const char *>(&short_t);
//得到数据的内存地址
        m_currentPosition++<< dst[1];
//序列化其后八位
        m_currentPosition++<< dst[0];
//序列化其前八位
    }
    else
    {
        m_currentPosition << short_t;
//如果字节序正常,则调用重载后的<< 方法直接序列化该数字
```

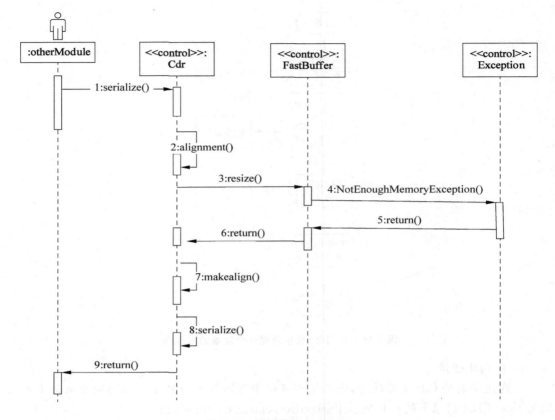

图 2-19 序列化变量时序图

```
            m_currentPosition += sizeof(short_t);
//序列化后,移动指针
        }
```

2）反序列化变量

反序列化变量的主要代码为 Fast-CDR 目录下的 Cdr.cpp、FastBuffer.cpp、Exception.cpp。根据特定的字节顺序反序列化一个变量，其时序图如图 2-20 所示。下面以反序列化一个"int16_t"类型的变量为例，解释反序列化过程。

函数：Cdr& Cdr::deserialize(int16_t &short_t)将一个 int16_t 的数据反序列化到 Cdr 所包含的 fastbuffer。

参数：short_t 是待反序列化的 int16_t 类型的对象引用。

返回值：Cdr 本身的引用。

函数异常：fastbuffer 空间不足。

函数核心功能代码注释：

```
if(m_swapBytes) //检查字节序
    {
        char * dst = reinterpret_cast<char *>(&short_t);
//得到待反序列化对象的内存地址
```

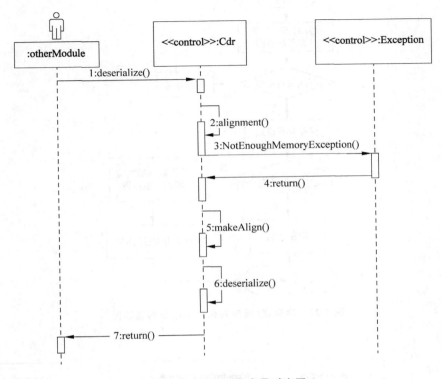

图 2-20 反序列化变量时序图

```
            m_currentPosition++ >> dst[1];
//反序列化 buffer 中的数据到后八位
            m_currentPosition++ >> dst[0];
//反序列化 buffer 中的数据到前八位
        }
    else//如果字节序正常
        {
            m_currentPosition >> short_t;
//直接调用重载后的反序列化函数
            m_currentPosition += sizeof(short_t);
//反序列化后移动指针
        }
```

2. 序列化/反序列化数组

序列化/反序列化一个数组需要考虑数组成员的顺序，计算数组的起始位置和结束位置。序列化/反序列化数组的流程图如图 2-21 所示。根据指定的字节顺序序列化一个数组，其时序图如图 2-22 所示。根据特定的字节顺序反序列化一个数组，其时序图如图 2-23 所示。序列化数组的主要代码为 Fast-CDR 目录下的 Cdr.cpp、FastBuffer.cpp、Exception.cpp。

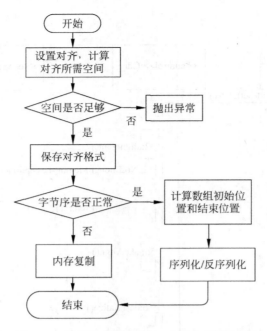

图 2-21 序列化/反序列化一个数组的流程图

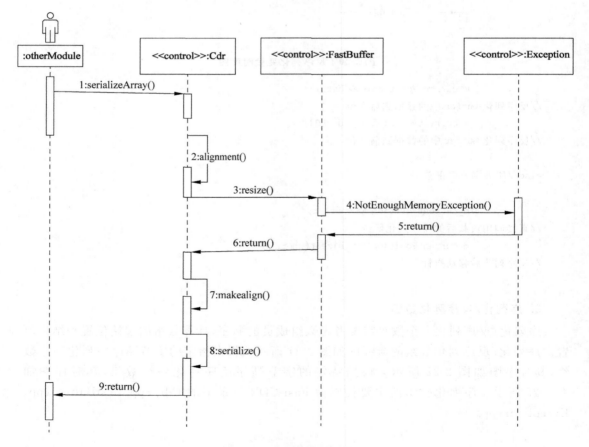

图 2-22 序列化数组时序图

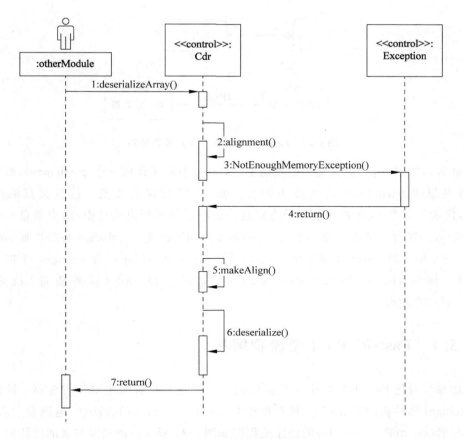

图 2-23 反序列化数组时序图

2.5 Fast-RTPS 代码分析

RTPS 全称 Real-Time Publish Subscribe，是一种实现快速发布、订阅的协议。Fast-RTPS 是 RTPS 的 C++ 实现。Fast-RTPS 实现参与者（participant）的创建和登入，每个参与者通过发布者（publisher）和订阅者（subscriber）发布和订阅信息，完成参与者之间的信息交互。RTPS 协议中定义了域（Domain），域定义了独立的交流平面，几个域可同时独立存在。一个域中包含若干个参与者，参与者使用数据读取器、数据写入器进行数据交互，一个参与者可包含任意多个数据读取器、数据写入器。Fast-RTPS 的主要成员及其关系如图 2-24 所示。参与者、发布者、订阅者、数据读取器、数据写入器的定义参见 2.1 节 ROS2 的通信模型关键概念。参与者、发布者、订阅者、数据读取器、数据写入器之间的关系参见图 2-2 ROS2 通信模型。

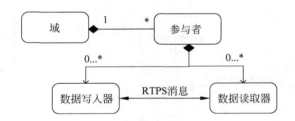

图 2-24　Fast-RTPS 的主要成员及其关系

Fast-RTPS 中 topic 定义交换的数据主题，topic 不属于任何一个 participant，所有对该 topic 感兴趣的 participant 都可以去跟踪 topic 关联数据的改变。信息交互的单元为 change，代表了一个 topic 的更新。节点将这些更新记录到历史消息中，历史消息可缓存最近的 change。通过写节点发布一个 change，将发生如下改变：①change 被添加到 writer 的 historycache 中；②writer 通知每个 reader；③感兴趣的 reader 接收 change；④接收数据后，reader 将新 change 加入 historycache。可通过选择 QoS（服务质量）决定管理 historycache 的方式。

2.5.1　Fast-RTPS 主要流程解析

创建参与者是 Fast-RTPS 中主要流程之一。创建参与者的主要流程包括：设置参与者 participant 属性或配置 profile，检查创建参与者 participant 的合法性，返回参与者实例。创建参与者（createParticipants）的程序流程图如图 2-25 所示。创建参与者的源代码文件包括 Domin.cpp、Participant.cpp、ParticipantImpl.cpp、RTPSDomain.cpp、RTPSParticipant.cpp、RTPSParticipantImpl.cpp。

创建参与者的时序图如图 2-26 所示。首先创建参与者 participant，将其加入 Domain 中，然后创建 RPTSParticipant，将其加入 RTPSDomain 中，返回 RTPSDomain 中的参与者实例。

创建发布者（createpublisher）的流程图如图 2-27 所示。首先创建发布者并设置发布者属性。然后找到指定参与者 participant，对发布者做合法性检查。最后在 RTPSDomain 创建 writer，关联 writer 与发布者 publisher，返回发布者 publisher。

创建发布者的时序图如图 2-28 所示。在 Domain 中创建发布者 publisher，由参与者 participant 实例化发布者 publisher，由参与者 participant 申请 RTPS 的 writer，由 RTPS 中的参与者实例 ParticipantImpl 生成 RTPSWriter 并与 Domain 中的参与者实例 ParticipantImpl 关联，最后返回发布者 publisher。

发布的流程图如图 2-29 示。发布相关的源代码文件包括 PublisherImpl.cpp、Publisher.cpp、RTPSWriter.cpp、WriterHistory.cpp、PublisherHistory.cpp。发布的时序图如图 2-30 所示。

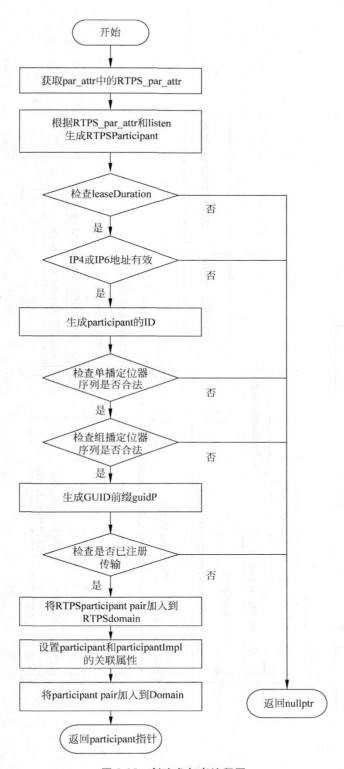

图 2-25 创建参与者流程图

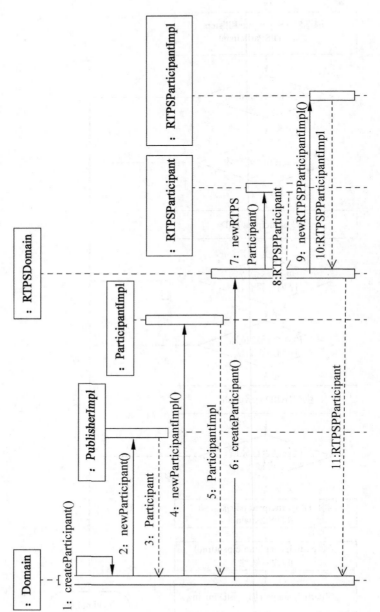

图 2-26 创建参与者时序图

第 2 章 ROS2 Ardent框架及功能的源码分析

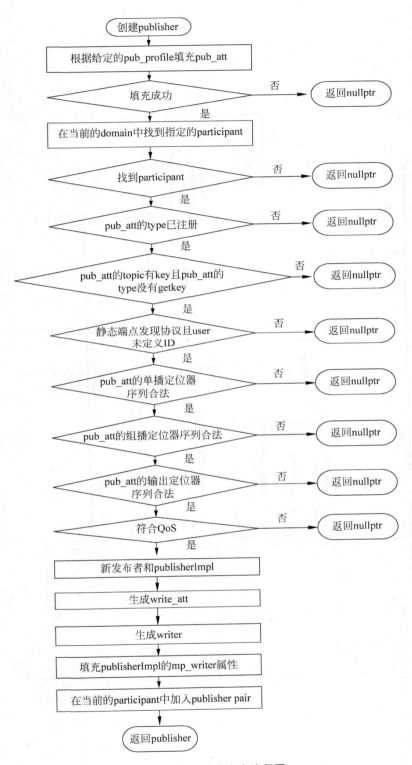

图 2-27 创建发布者流程图

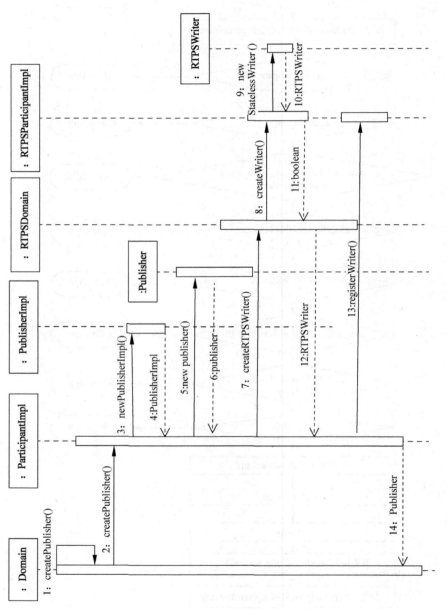

图 2-28 创建发布者时序图

第 2 章　ROS2 Ardent框架及功能的源码分析

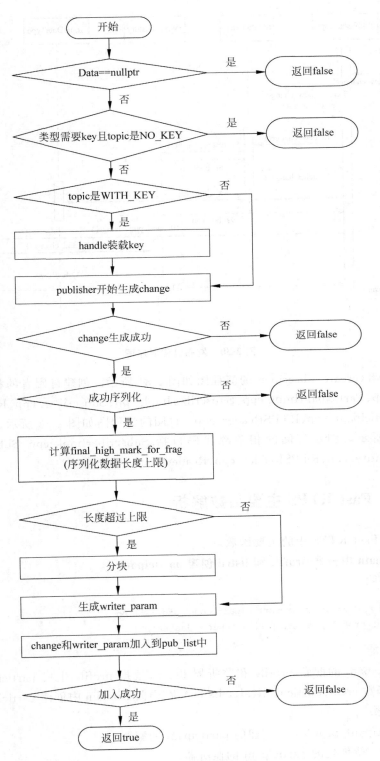

图 2-29　发布的流程图

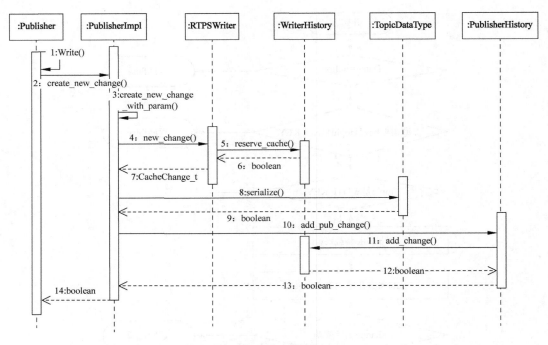

图 2-30 发布过程时序图

创建订阅者(createSubscriber)的流程图如图 2-31 所示。创建订阅者的相关源代码包括 Domain.cpp、ParticipantImpl.cpp、SubscriberImpl.cpp、Subscriber.cpp、RTPSDomain.cpp、RTPSParticipant.cpp、RTPSReader.cpp。订阅的流程图如图 2-32 所示。订阅的时序图如图 2-33 所示。创建订阅的相关源代码包括 SubscriberImpl.cpp、Subscriber.cpp、SubscriberHistory.cpp、RTPSReader.cpp、ReaderHistory.cpp。

2.5.2 Fast-RTPS 主要函数解析

本节介绍 Fast-RTPS 中的主要函数。

1. 在 Domain 中根据 profile 和 listen 创建 participant

1) 函数声明

```
Participant * Domain::createParticipant(const std::string
&participant_profile, ParticipantListener * listen);
```

2) 函数功能

给定 participant 的配置 profile 和监听器 listen，根据 profile 生成 participant 的属性 att，调用重载函数 createParticipant(att, listen)，在当前 Domain 中创建 participant。

3) 函数参数

参数 participant_profile：待创建的 participant 的配置。

参数 listen：待创建的 participant 的监听器。

第 2 章 ROS2 Ardent框架及功能的源码分析

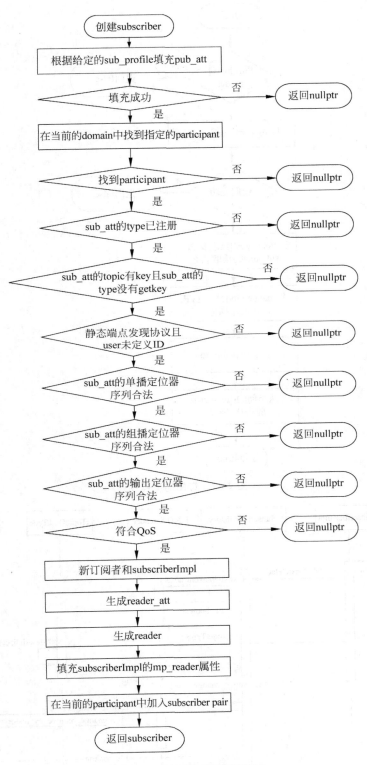

图 2-31 创建订阅者流程图

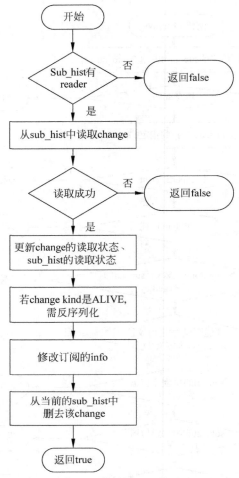

图 2-32 订阅的流程图

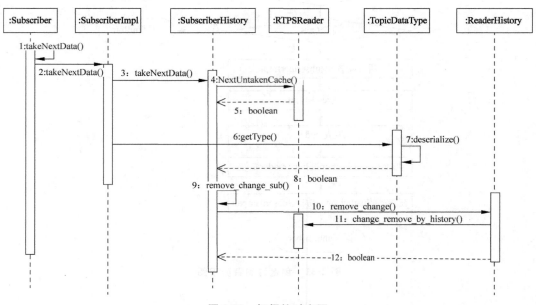

图 2-33 订阅的时序图

4）函数返回值

participant 对象指针。

5）函数核心功能代码注释

```
Particpant * Domain::createParticipant(const std::string &participant_profile,
ParticipantListener* listen){
    // …
    ParticipantAttributes participant_att;
    //根据 profile 生成 participant 属性
    if(XMLP_ret::XML_ERROR == XMLProfileParser::fillParticipantAttributes(participant_profile, participant_att)){
        logError(PARTICIPANT, "Problem loading profile'"<<participant_profile<<"'");
        return nullptr;
    }
    //调用重载 createParticipant 函数
    return createParticipant(participant_att, listen);
}
```

2．在 Domain 中根据 att 和 listen 创建 participant

1）函数声明

```
Participant* Domain::createParticipant(ParticipantAttributes &att,
ParticipantListener * listen);
```

2）函数功能

给定 participant 的属性 att 和监听器 listen，创建 participant、participantImpl，并在 RTPSDomain 中创建相应的 RTPSParticipant，最后将 participant participantImpl pair 加入当前 Domain，并返回 participant 对象指针。

3）函数参数

参数 att：待创建的 participant 的属性对象。

参数 listen：待创建的 participant 的监听器。

ParticipantAttributes：常用配置。

Participant name：参与者名字。

DomainId：只有当发布者和订阅者所在的参与者属于同一个 Domain 时才能进行信息交互。使用 DomainId 识别不同 Domain。

4）函数返回值

participant 对象指针。

5）函数核心功能代码注释

```
Participant * Domain::createParticipant(ParticipantAttributes& att, ParticipantListener * listen) {
    Participant * pubsubpar = new Participant(); ParticipantImpl * pspartimpl = new ParticipantImpl(att,pubsubpar,listen);
    // 在 RTPSDomain 中创建 participant RTPSParticipant * part = RTPSDomain::createParticipant(att.rtps,&pspartimpl->m_rtps_listener);

    if(part == nullptr) {
```

```cpp
        logError(PARTICIPANT,"Problem creating RTPSParticipant"); delete pspartimpl;
        return nullptr;
    }

    // 配置各个对象的关联属性
    pspartimpl->mp_rtpsParticipant = part;
    t_p_Participant pubsubpair;
    pubsubpair.first = pubsubpar;
    pubsubpair.second = pspartimpl;

    // 将 pair 加入当前 Domain
    m_participants.push_back(pubsubpair);
    return pubsubpar;
}
```

3. RTPSDomain 根据 att 和 listen 创建 RTPSParticipant

1) 函数声明

```cpp
RTPSParticipant *
RTPSDomain::createParticipant(RTPSParticipantAttributes & PParam,
    RTPSParticipantListener * listen);
```

2) 函数功能

给定 RTPSParticipant 的属性 PParam 和监听器 listen，创建 RTPSParticipant、ParticipantImpl，并在 RTPSDomain 中创建相应的 RTPSParticipant，最后将 RTPSParticipant ParticipantImpl pair 加入当前 RTSPDomain，并返回 RTPSParticipant 对象指针。

3) 函数参数

参数 PParam：待创建的 RTPSParticipant 的属性对象。

参数 listen：待创建的 RTPSParticipant 的监听器。

4) 函数返回值

RTPSParticipant 对象指针。

5) 函数核心功能代码注释

```cpp
RTPSParticipant *
RTPSDomain::createParticipant(RTPSParticipantAttributes & PParam,
        RTPSParticipantListener * listen)
{
    logInfo(RTPS_PARTICIPANT,"");
    // 检查 PParam 的各项属性是否合法
    // leaseDuration 应该大于 time_Infinite 或 leaseDuration_announcementperiod
    // use_IP4_to_send 和 use_IP6_to_send 应该有一个为 true
    // 若 PParam 已包含 ID, 则检查 ID 的唯一性，否则生成一个唯一 ID
    // 检查单播定位器列表是否合法
    // 检查组播定位器列表是否合法

    GuidPrefix_t guidP;
    // guidP.value = ...

    // 根据 PParam, guidP 和 listen 创建 RTPSParticipant 以及
```

```
RTPSParticipantImpl
    RTPSParticipant * p = new RTPSParticipant(nullptr); RTPSParticipantImpl * pimpl = new
    RTPSParticipantImpl(PParam,guidP,p,listen);

    // 检查是否已注册传输
    if(!pimpl->networkFactoryHasRegisteredTransports()) {
        logError( RTPS_PARTICIPANT," Cannot create participant, because there is any
transport");
        delete pimpl;
        return nullptr;
    }

    // 将 RTPSParticipant pair 加入当前的 RTPSDomain
    m_RTPSParticipants.push_back(t_p_RTPSParticipant(p,pimpl));
    return p;
}
```

4. 在 Domain 中根据 participant、profile 和 listen 创建 publisher

1）函数声明

```
Publisher * Domain::createPublisher(Participant * part, const
std::string &publisher_profile, PublisherListener * listen);
```

2）函数功能

给定 publisher 所属的 participant，publisher 的配置 profile 和监听器 listen，根据 profile 生成 publisher 的属性 publisher_att，调用重载函数 createPublisher（part，publisher_att，listen），在当前 Domain 中创建 publisher。

3）函数参数

参数 part：待创建的 publisher 所属的 participant。

参数 participant_profile：待创建的 publisher 的配置。

参数 listen：待创建的 publisher 的监听器。

4）函数返回值

publisher 对象指针。

5）函数核心功能代码注释

```
Publisher * Domain::createPublisher(Participant * part, const
std::string &publisher_profile, PublisherListener * listen){
    PublisherAttributes publisher_att;
    // 根据 publisher_profile 生成 publisher_att
    if ( XMLP_ret::XML_ERROR == XMLProfileParser::fillPublisherAt-tributes(publisher_
profile, publisher_att)) {
        logError(PUBLISHER, "Problem loading profile '" << pub-lisher_profile << "'");
        return nullptr;
    }
    return createPublisher(part, publisher_att, listen);
}
```

5. 在 Domain 中根据 participant、pub_att 和 listen 创建 publisher

1) 函数声明

```
Publisher * Domain::createPublisher(Participant * part, PublisherAttributes &att,
PublisherListener * listen);
```

2) 函数功能

给定 publisher 所属的 participant，publisher 的属性 att 和监听器 listen，在当前 Doamin 中找到该 participant，由该 participant 创建 publisher。

3) 函数参数

参数 part：待创建的 publisher 所属的 participant。

参数 att：待创建的 publisher 的属性。

参数 listen：待创建的 publisher 的监听器。

PublisherAttributes 和 SubscriberAttributes 常用配置如下：

（1）topic information：只有当发布者和订阅者的 topicName 和 topicDataType 相同时，两者才能进行信息交互。

（2）Reliability：消息传递有两种行为模式，分别是 Best-Effort 和 Reliable。Best-Effort：发送消息不接收订阅者确认收到的消息，速度快，但消息易丢失。Reliable：发布者等待订阅者的已接收确认，速度慢，但可防止数据丢失。

（3）History：两种样本存储策略（historyQos），分别是 Keep-All 和 Keep-Last。Keep-All：存储所有样本。Keep-Last：可设置最大存储量，当达到这个限制，之前的会被覆盖。

（4）Durability：定义了在订阅者加入之前，topic 上存在的样本的行为。有两种行为，分别是 Volatile 和 Transient Local。Volatile：忽略过去的样本，新加入的订阅者只接收其匹配时间点后的样本。Transient Local：在新加入的订阅者的历史中写入过去的样本。

（5）Resource limits(resourceLimitsQos)：可设定 History 和其他资源的最大值。

（6）Unicast locators(单播定位器)：实体接收数据的网络端点。发布者和订阅者从参与者继承单播定位器，可通过该属性设置不同的定位器。

（7）Multicast locators(组播定位器)：实体接收数据的网络端点。默认发布者和订阅者不使用组播定位器，当有很多实体想减少网络使用时使用该属性进行设置。

4) 函数返回值

publisher 对象指针。

5) 函数核心功能代码注释

```
Publisher * Domain::createPublisher(Participant * part, PublisherAt- tributes &att,
PublisherListener * listen) {
    // 在当前 domain 中找到 part
    for (auto it = m_participants.begin(); it != m_partici- pants.end(); ++it) {
        if(it->second->getGuid() == part->getGuid()) {
            // 找到 part 后由该 part 创建 publisher
            return part->mp_impl->createPublisher(att,listen);
        }
    }
    return nullptr;
}
```

6. 在 participantImpl 中创建 publisher

1）函数声明

```
Publisher * ParticipantImpl::createPublisher(PublisherAttributes& att, PublisherListener * listen);
```

2）函数功能

给定 publisher 的属性 att 和监听器 listen，在当前 participant 中加入该 publisher，并返回该 publisher 对象的指针。

3）函数参数

参数 att：待创建的 publisher 的属性。

参数 listen：待创建的 publisher 的监听器。

4）函数返回值

publisher 对象指针。

5）函数核心功能代码注释

```
Publisher * ParticipantImpl::createPublisher(PublisherAttributes& att, PublisherListener * listen) {
    // 对 att 进行各种合法性检查
    // 检查 pub_att 的 type 是否已注册
    // 如果 topic 有 key, 检查其 type 是否有 getKey 方法
    // 如果使用静态端点发现协议，检查用户是否定义 ID
    // 检查 pub_att 单播定位器序列是否合法
    // 检查 pub_att 组播定位器序列是否合法
    // 检查 pub_att 输出定位器序列是否合法
    // 检查是否符合 QoS

    // new publiser 和 publisherimpl，并设置关联属性
    PublisherImpl * pubimpl = new PublisherImpl(this,p_type,att,lis-ten);
    Publisher * pub = new Publisher(pubimpl); pubimpl->mp_userPublisher = pub;
    pubimpl->mp_rtpsParticipant = this->mp_rtpsParticipant;

    // 生成 writer_att WriterAttributes watt;
    // 设置 watt 的各项属性

    // 生成 writer
    // 填充 publisherimpl 的 mp_writer 属性
    pubimpl->mp_writer = writer;

    // 在当前 participant 中加入 publisher pair t_p_PublisherPair pubpair; pubpair.first = pub;
    pubpair.second = pubimpl; m_publishers.push_back(pubpair);

    // 注册 writer
    this->mp_rtpsParticipant->register-Writer(writer,att.topic,att.qos);

    return pub;
}
```

7. publisher 向 pub_history 写入数据

1）函数声明

bool Publisher::write(void* Data, WriteParams &wparams);

2）函数功能

调用 publisherImpl 的 create_new_change_with_params()，向 pub_history 写入 Data。

3）函数参数

参数 Data：待写入数据。

参数 wparams：写入数据所用 writer 的属性。

4）函数返回值

写入成功返回 true，失败返回 false。

5）函数核心功能代码注释

```
bool Publisher::write(void* Data, WriteParams &wparams) {
    logInfo(PUBLISHER,"Writing new data with WriteParams");
    // 调用 pub_impl 的 create_new_change_with_params 函数
    return mp_impl->create_new_change_with_params(ALIVE, Data, wparams);
}
```

8. publisherImpl 向 pub_history 写入数据

1）函数声明

bool PublisherImpl::create_new_change_with_params(ChangeKind_t changeKind, void* data, WriteParams &wparams);

2）函数功能

对 changeKind 和 data 进行检查，生成 cachechange，然后可以将其序列化，最后将 change 和 wparams 写入 pub_history。

3）函数参数

参数 Data：待写入数据。

参数 wparams：写入数据所用 writer 的属性。

4）函数返回值

写入成功返回 true，失败返回 false。

5）函数核心功能代码注释

```
bool PublisherImpl::create_new_change_with_params(ChangeKind_t changeKind, void* data, WriteParams &wparams) {
    // 判断 data 是否为 nullptr
    if (data == nullptr) { // ... }
    // 类型需要 key 但 topic 是 NO_KEY
    if(changeKind == NOT_ALIVE_UNREGISTERED || changeKind ==
NOT_ALIVE_DISPOSED||changeKind == NOT_ALIVE_DISPOSED_UNREGISTERED) {
        // ...
    }
    // 如果 topic 类型是 WITH_KEY, handle 装载 key
    // 生成 change ch
```

```cpp
    CacheChange_t * ch = mp_writer->new_change(mp_type->getSerialized-SizeProvider
(data), changeKind, handle);
    if(ch != nullptr) {
        // 序列化
        // 计算 final_high_mark_for_frag(序列化数据长度上限)
        if(high_mark_for_frag_ == 0){
            // high_mark_for_frag_ = ...
        }
        uint32_t final_high_mark_for_frag = high_mark_for_frag_;
        if(wparams.related_sample_identity() != SampleIdentity::un-
            final_high_mark_for_frag -= 32;
        // 如果数据量大,则将其分块
        if(ch->serializedPayload.length > final_high_mark_for_frag) {
            // ...
            ch->setFragmentSize((uint16_t)final_high_mark_for_frag);
        }
        // 设置 write_param
        if(&wparams != &WRITE_PARAM_DEFAULT) {
            ch->write_params = wparams;
        }
        // 将 ch 加入 pub_hist 中
        if(!this->m_history.add_pub_change(ch, wparams)) {
            // 如果加入失败,则将其释放掉
            m_history.release_Cache(ch);
            return false;
        }
        return true;
    }
    return false;
}
```

9. 发布订阅细节

在 topic 中通过使用 key 来区分同一 topic 下的多个数据。可通过 resourceLimitsQos 设置订阅者识别 key 的个数和每个 key 保存的最大样本数。即订阅者可以获取多个 key 对应的数据。

一个 participant 可发布或订阅多个主题的内容,订阅时通过检查 topic 一致性确定是否订阅该数据。特定的发布者或订阅者只能对单一主题进行发布订阅。当多个发布者发布同一主题下的多个数据,订阅者需有选择地订阅时使用 key 进行识别。

1)创建发布者

(1)函数声明

```cpp
Publisher * ParticipantImpl::createPublisher(PublisherAttributes& att, PublisherListener *
listen);
```

(2)函数核心功能代码注释

```cpp
//创建发布者时确定其发布主题是否使用 key,若使用 key,则必须设置 getkey 方法
```

```
if(att.topic.topicKind == WITH_KEY &&!p_type->m_isGetKeyDefined) {
    logError(PARTICIPANT,"Keyed Topic needs getKey function");
    return nullptr;
}
```

2）创建订阅者

创建订阅者与创建发布者的过程相似。函数声明如下：

```
Subscriber * ParticipantImpl::createSubscriber(SubscriberAttributes& att, SubscriberListener * listen);
```

3）发布数据

（1）函数声明

```
bool PublisherImpl::create_new_change_with_params(ChangeKind_t changeKind, void * data, WriteParams &wparams);
```

（2）函数核心功能代码注释

```
InstanceHandle_t handle;
if(m_att.topic.topicKind == WITH_KEY){
    //将 key 取出存于 handle 数据结构中
    mp_type->getKey(data,&handle);
}
//将 key 与 data 一同创建一个将发布的 change
CacheChange_t * ch = mp_writer->new_change(mp_type->getSerialized-SizeProvider(data), changeKind, handle);
```

4）将使用 key 的 change 写入 publisherhistory

（1）函数声明

```
bool PublisherHistory::add_pub_change(CacheChange_t * change, WriteParams &wparams);
```

（2）函数核心功能代码注释

```
//HISTORY WITH KEY
else if(mp_pubImpl->getAttributes().topic.getTopicKind() == WITH_KEY)
{
    t_v_Inst_Caches::iterator vit;            //相同 key 的 change 集合
    if(find_Key(change,&vit)) {
        //存储策略检查
        if(m_historyQos.kind == KEEP_ALL_HISTORY_QOS)
        else if (m_historyQos.kind == KEEP_LAST_HISTORY_QOS)
        if(add) //可添加到历史
        {
            if(this->add_change(change))
            {//将 change 添加到具有此 key 的集合中
                vit->second.push_back(change);
            }
        }
    }
}
```

5) 使用 history 来发布订阅数据

reader 和 writer 在它们相关联的 history 中保存某主题的数据。每一次发布为一个 change，存储在 CacheChange_t 数据结构中。在历史中管理 change 通常为以下流程：在 history 中申请一个 CacheChange_t，使用后释放。

(1) 发布者新建 CacheChange_t

函数声明：

```
CacheChange_t * RTPSWriter::new_change(const
std::function< uint32_t()>&dataCdrSerializedSize,ChangeKind_t changeKind, InstanceHandle_t handle);
```

函数功能：通过给定 changeKind，创建新 change。

函数参数：

const std::function< uint32_t()> & dataCdrSerializedSize：数据 Cdr 序列化大小。

ChangeKind_t changeKind：默认值是 ALIVE。

InstanceHandle_t handle：topic key 的容器。

函数返回值：CacheChange_t * new change。

核心功能代码注释：

```
//从缓存池中申请 CacheChange_t
if(!mp_history->reserve_Cache(&ch, dataCdrSerializedSize)) { }
ch->kind = changeKind;                          //kind 赋值
//使用 key 检查 handle 是否定义
if(m_att.topicKind == WITH_KEY &&!handle.isDefined()) { }
```

(2) 从缓冲池中申请 CacheChange_t

函数声明：

```
bool CacheChangePool::reserve_Cache(CacheChange_t ** chan, uint32_t dataSize);
```

函数功能：从缓冲池中申请 CacheChange_t。

函数参数：

CacheChange_t ** chan：申请到的 CacheChange_t 指针。

uint32_t dataSize：数据大小，使用 DYNAMIC_RESERVE_MEMORY_MODE 或 PREALLOCATED_WITH_REALLOC_MEMORY_MODE 模式，具体根据该变量大小申请。

函数返回值：返回值为 bool 类型，返回 true 代表申请成功。

核心功能代码注释：

```
switch(memoryMode)                              //根据管理模式申请
{
    case PREALLOCATED_MEMORY_MODE: //块大小事先分配好
        ...
        //从 freecaches 的 vector 中取出一个
        *chan = m_freeCaches.back(); m_freeCaches.erase(m_freeCaches.end()-1);
        //事先分配块大小，可根据数据大小增大
    case PREALLOCATED_WITH_REALLOC_MEMORY_MODE:
        ...
```

```cpp
    try {
        //根据大小重新分配
        (*chan)->serializedPayload.reserve(dataSize);
    }
    case DYNAMIC_RESERVE_MEMORY_MODE://根据需求动态分配大小
        *chan = allocateSingle(dataSize);              //分配单一的、空的块
}
```

（3）cachechange 写入 publisherHistory

函数声明：

```cpp
bool PublisherHistory::add_pub_change(CacheChange_t* change, WriteParams &wparams);
```

函数功能：将该发布者发布的内容写入该发布者的发布历史中。

函数参数：

CacheChange_t * change：change 指针。

WriteParams & wparams：额外的写参数。

函数返回值：返回值类型 bool，返回 true 表示添加成功。

核心功能代码注释：

```cpp
if(m_isHistoryFull)                                    //历史满
{
    //根据不同策略管理历史
    //保存所有历史信息
    if(m_historyQos.kind == KEEP_ALL_HISTORY_QOS)
        ret = this->mp_pubImpl->clean_history(1);
        //设置上限，超过则覆盖
    else if(m_historyQos.kind == KEEP_LAST_HISTORY_QOS)
        ret = this->remove_min_change();         //移除最早历史
}
//有无 key，将 change 写入 ReaderHistory 不同处理
if(mp_pubImpl->getAttributes().topic.getTopicKind() == NO_KEY) {
    ...
    if(this->add_change(change));
} else if(mp_pubImpl->getAttributes().topic.getTopicKind() == WITH_KEY) {
    ...
    if(this->add_change(change));
}

if (m_isHistoryFull)                                   //历史满

{
//根据不同策略管理历史,保存所有历史信息

if(m_historyQos.kind == KEEP_ALL_HISTORY_QOS)ret = this->mp_pubIn->l->clean_history(:);
//设置上限1,超过则覆盖

else if(m_historyQos.kind = KEEP_LAST_HISTORY_QOS)
ret = this->remove_min_change();  //移除最早历史
```

)
//有无 key,将 change 写入 ReaderHistory 不同处理
    if (mp_pubImpl->getAttributes().topic.getTopicKind() = NO_KEY) { if(this->add_change(change));
    } else if (inp_pubin>l->getAttributes().topic.getTopicKind() = = WITH_KEY) {

    if(this->add change(change));

}

(4) cachechange 写入 ReaderHistory

函数声明:

```
bool WriterHistory::add_change(CacheChange_t * a_change);
```

函数功能: 添加 cachechange 到 ReadHistory 中。

函数参数:

CacheChange_t * a_change: cachechange 指针。

函数返回值: 返回值类型 bool,返回 true 表示添加成功。

核心功能代码注释:

```
//change 写者和当前写者是否一致
if(a_change->writerGUID != mp_writer->getGuid())
//固定分配策略分配的空间是否足够
if((m_att.memoryPolicy == PREALLOCATED_MEMORY_MODE)&&a_change->serializedPayload.length > m_att.payloadMaxSize)
...
m_changes.push_back(a_change);              //添加 change 至 WriterHistory vector 中
updateMaxMinSeqNum();                        //更新最大最小值,即历史时间
//将 change 加入未发送 list 中
mp_writer->unsent_change_added_to_history(a_change);
```

(5) 历史写入失败处理

若历史写入失败,则将申请到的 cachechange 块释放。

函数声明:

```
void CacheChangePool::release_Cache(CacheChange_t * ch);
```

函数功能: 释放 cachechange 块。

函数参数:

CacheChange_t * ch: cachechange 指针。

函数返回值: void,函数无返回值。

核心功能代码解析:

```
switch(memoryMode)                           //根据不同策略的处理方式
{
    case PREALLOCATED_MEMORY_MODE:
        //信息清空
        ...
```

```
                m_freeCaches.push_back(ch);             //加入空闲 vector
                break;
            case PREALLOCATED_WITH_REALLOC_MEMORY_MODE:
                //信息清空
                m_freeCaches.push_back(ch);             //加入空闲 vector
                break;
            case DYNAMIC_RESERVE_MEMORY_MODE:
// Find pointer in CacheChange vector, remove element, then delete it
 std::vector<CacheChange_t*>::iterator target = m_allCaches.begin();
//寻找 cachechange 块位置
 target = find(m_allCaches.begin(),m_allCaches.end(), ch); if(target != m_allCaches.end())
        m_allCaches.erase(target);                      //从使用列表中删除
    delete(ch);                                         //释放 cachechange
    break;
}
```

(6) 订阅者从历史中读取发布信息

函数声明：

bool SubscriberHistory::takeNextData(void* data, SampleInfo_t* info);

函数功能：订阅者从历史中取回数据。

函数参数：

void* data：取回数据指针。

SampleInfo_t* info：返回消息。

从 subscriber 取回信息的同时，返回 SampleInfo_t,其中包含如下信息：

sampleKind：sampletype,正常的返回消息为 ALIVE。

WriterGUID：消息来源(publisher)。

OwnershipStrength：当几个发布者发布相同数据时,用来判定哪个数据更加可靠。

SourceTimestamp：消息封装发送时间戳。

函数返回值：返回值为 bool 类型,返回 true 表示取值成功。

核心功能代码解析：

```
//取回下一个未取回信息放入 change
if(this->mp_reader->nextUntakenCache(&change,&wp))
{
    change->isRead = true;                  //change 已读
    if(change->kind == ALIVE)
        //反序列化数据放入 data
        this->mp_subImpl->getType()->deserialize(&change->serializedPay-load,data);

}
if(info!= nullptr) {
    //info 信息返回
    info->sampleKind = change->kind;        //sample type 正常的返回消息为 ALIVE
    info->sample_identity.writer_guid(change->writerGUID); //消息来源
    info->sourceTimestamp = change->sourceTimestamp;    //时间戳
    ...
}
```

```
this->remove_change_sub(change);              //从SubscriberHistory中移除change
```

(7) 从SubscriberHistory中移除change

函数声明：

```
bool SubscriberHistory::remove_change_sub(CacheChange_t * change, t_v_Inst_Caches::iterator * vit_in);
```

函数功能：从SubscriberHistory中移除change。

函数参数：

CacheChange_t * change：要移除的cachechange指针。

t_v_Inst_Caches::iterator * vit：相同key的cachechangevector指针。

函数返回值：返回值为bool类型，返回true表示取值成功。

核心功能代码解析：

```
//取回下一个未取回信息放入change
if(this->mp_reader->nextUntakenCache(&change,&wp))
{
        change->isRead = true;                //change 已读
    if(change->kind == ALIVE)
  //反序列化数据放入 data
this->mp_subImpl->getType()->deserialize(&change->serializedPayload,data);
}
if(info!= nullptr)
{
        //info 信息返回
        info->sampleKind = change->kind;           //sample type 正常的返回消息为 ALIVE
        info->sample_identity.writer_guid(change->writerGUID); //消息来源
        info->sourceTimestamp = change->sourceTimestamp;  //时间戳
        ...
}
this->remove_change_sub(change);              //从SubscriberHistory中移除change
```

(8) 从ReaderHistory中删除change

函数声明：

```
bool ReaderHistory::remove_change(CacheChange_t * a_change);
```

函数功能：从ReaderHistory中移除cachechange。

函数参数：CacheChange_t * a_change 移除change指针。

函数返回值：返回值为bool类型，返回true表示取值成功。

核心功能代码解析：

```
for(std::vector< CacheChange_t *>::iterator chit = m_changes.begin();
            chit!= m_changes.end();++chit) {
    if((*chit)->sequenceNumber == a_change->sequenceNumber &&(*chit)->writerGUID == a_change->writerGUID) {
        logInfo(RTPS_HISTORY,"Removing change "<< a_change->sequenceNumber);
        //遵从 HistoryQos 移除历史
        mp_reader->change_removed_by_history(a_change);
        //cachechange 空间释放回缓存池
```

```
        m_changePool.release_Cache(a_change);
        m_changes.erase(chit);//history vector 移除 change
        sortCacheChanges();
        updateMaxMinSeqNum();
        return true;
    }
}
```

(9) Heartbeat 和 AckNack

心跳报文(HeartBeat)：从写端点发送到读端点，表示写端点是可访问的。

确认(AckNack)：从读端点发送到写端点，向写端点报告读端点是否正常接收信息，包括确认及非确认两种。

通过这两条特殊信息，可确保信息交互的可靠性。从而判断信息是否丢失或需要重新发送。可通过 PublisherAttributes 设置心跳报文的频率，提高心跳报文频率会产生大量的信息被发出，但会加快系统对数据丢失的响应。

2.6 RMW 代码分析

ROS 2 在构建中间件解决方案时，采用基于 DDS 的发布订阅系统。由于符合 DDS 标准的实现有多种方案，每个方案都有自己的优点和缺点，这些方案有不同的支持平台、编程语言、性能特征、内存占用、依赖和许可。为了支持多个 DDS 实现，ROS2 设计了中间件接口 RMW(ROS Middleware Interface)，抽象 API 的细节，实现对不同 DDS 的支持。RMW 中间件接口定义了 ROS 客户端库和任意 DDS 实现之间的 API。将通用中间件接口映射到特定中间件的 API 实现。RMW 在 ROS2 软件体系结构中的位置示意图如图 2-34 所示。

图 2-34　RMW 在 ROS2 软件体系结构中的位置示意图

中间件接口 RMW 要隐藏 DDS 规范和 API 的内在复杂性，并且 ROS 客户端库不应该向用户代码暴露任何 DDS 实现细节。因此 ROS 客户端库只需要操作 ROS 的数据结构。ROS 2 将继续使用 ROS 消息文件定义数据对象的结构。中间件接口下面的中间件实现必须将 ROS 数据对象转换为它自己定义的数据格式，然后再通过 DDS 实现传播。同样，从 DDS 传递来的用户数据必须要先转换为 ROS 数据对象才能返回给 ROS 客户端库。RMW 在 ROS2 软件体系结构中的作用示意图如图 2-35 所示。两个子图分别代表从用户到 DDS 层，以及从 DDS 层到用户层的传递过程。

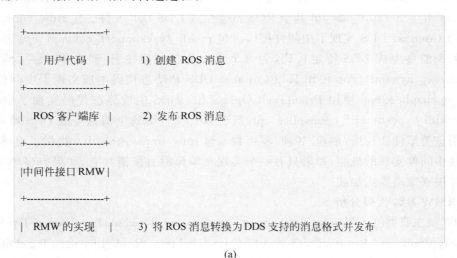

图 2-35　RMW 在 ROS2 软件体系结构中的作用示意图
（a）从用户层到 DDS 层的传递过程；（b）从 DDS 层到用户层的传递过程

1. 静态/动态 DDS 消息类型

DDS 具有两种不同的使用信息方式。可以在一个 IDL 文件指定消息，通常由特定 DDS 实现程序将消息生成源代码，或者可以指定使用符合 XTypes 规范的消息，由动态数据 API

定义。消息定义必须在 ROS.msg 文件可查。当 ROS2 使用不同的 DDS 实现时,应该保证用户可以方便地在不同 DDS 实现中切换。

2. 中间件接口的设计

在发布消息时,ROS2 publisher 和消息需要调用中间件接口上的三个函数,包括 create_node()、create_publisher()、publish()。RMW 定义了中间件接口,函数声明在 rms/rmw.h,处理的定义在 rmw/types.h。包 rosidl_typesupport_introspection_cpp 以反射的方式封装 ROS msg。包 rmw_fastrtps_cpp 使用 eProsima Fast-RTPS 实现了中间件接口,支持反射。包 rosidl_generator_dds_idl 基于 ROS msg 生成 DDS IDL 文件。包 rmw_connext_cpp 使用 RTI Connext DDS 实现了中间件接口。包 rosidl_typesupport_connext_cpp 基于 IDL 文件为每个消息生成 DDS 特定代码,为每个消息类型使能注册/创建/转换/写函数。包 rmw_connext_dynamic_cpp 使用 RTI Connext DDS 和动态代码生成实现了中间件接口。包 rmw_opensplice_cpp 使用 PrismTech OpenSplice DDS 生成静态代码实现了中间件接口。包 rosidl_typesupport_opensplice_cpp 基于 IDL 文件为每个消息生成 DDS 特定代码,为每个消息类型使能注册/创建/转换/写函数。包 rmw_implementation 提供了编译时和运行时切换中间件实现的机制,如果只有一个实现在编译时直接链接它,如果有多个实现,在编译时可根据策略模式加载。

3. RMW 具体代码分析

RMW 的主要类包括 MessageTypeSupport、TypeSupport、TopicDataType、ServiceTypeSupport、ResponseTypeSupport、RequestTypeSupport、GuardCondition、ReaderListener、TopicDataType、WriterInfo、ReaderInfo 等,这些类的 E-R 图如图 2-36 所示。

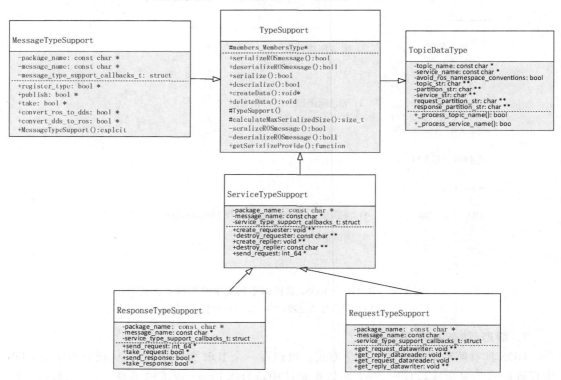

图 2-36 RMW 的 E-R 图

第 2 章　ROS2 Ardent框架及功能的源码分析

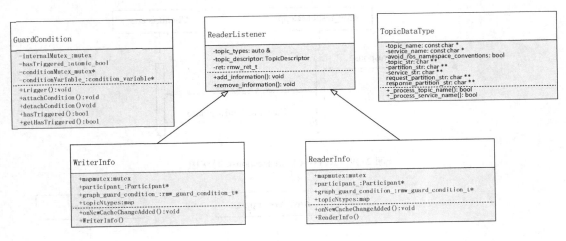

图 2-36　（续）

RMW 创建 ClientListener 监听器时序图如图 2-37 所示。RMW 创建 ClientListener 监听器的源代码可参考\ros2\rmw_fastrtps\rmw_fastrtps_cpp\src\rmw_client.cpp。

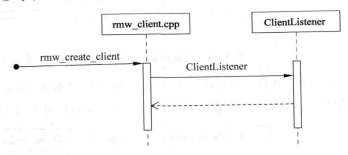

图 2-37　创建 ClientListener 监听器时序图

节点的 rmw_node 读写时序图如图 2-38 所示。源代码可参考 rmw_node.cpp。

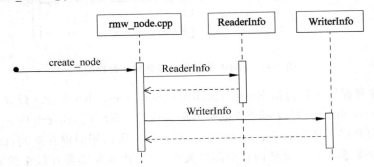

图 2-38　节点的 rmw_node 读写时序图

RMW Client Response 时序图如图 2-39 所示。源代码可参考 rmw_response.cpp。
获取数据的时序图如图 2-40 所示，源代码可参考 rmw_take.cpp。

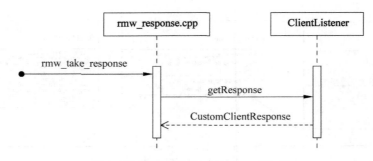

图 2-39 RMW Client Response 时序图

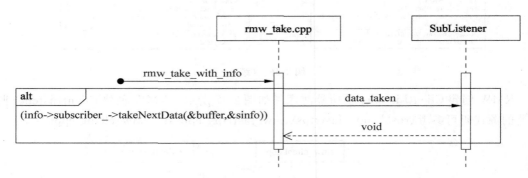

图 2-40 获取数据时序图

RMW 的触发器条件保护时序图如图 2-41 所示。源代码可参考 rmw_trigger_guard_condition.cpp。RMW 的 wait 操作时序图如图 2-42 所示。源代码可参考 rmw_wait.cpp。

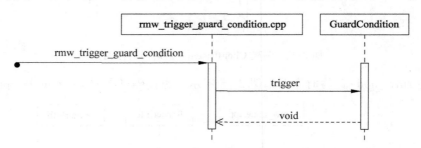

图 2-41 RMW 的触发器条件保护时序图

RMW 释放资源的函数包括 Rmw free、Rmw_node free。Rmw free 释放一个单位所占用的内存，Rmw_node free 释放一个节点所占用的内存。Rmw_subscription_t 返回订阅信息。该类函数拥有以下通用格式：rmw_X_free 释放 X 所占用的内存空间，rmw_X_t 返回 X 的信息。函数参数 X 标识释放内存空间的大小，在新建 X 时需要比较多的 node(节点)判断，如 rmw_get_zero_initialized_node_security_options()判断 RMW 得到零初始化节点的安全选项，该函数在创建后会返回一个空的安全选项链表，在之后的运行中会向其中加入各种信息。另一个常用的判断内容是使用 rmw_validate_namespace()函数确认命名空间是否可用，从内存、重复性、类型和格式的合理性等方面处理新建的名称。如果变量为需要命名的结构体名，返回值为 RMW_RET_OK。RMW_RET_OK 通常取值为 1。而命名失败时返

第 2 章 ROS2 Ardent框架及功能的源码分析

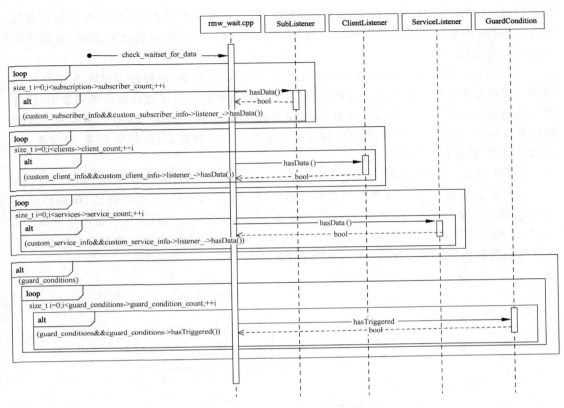

图 2-42 RMW 的 wait 操作时序图

回为 RMW_RET_ERROR，其取值也为 1，其含义为"RMW_RET_ERROR=true"时命名失败。

create_node 函数的参数分别为识别信息、节点名称、节点的命名空间、节点的安全请求信息。命名空间和节点的安全请求信息，作为前面函数的返回值，只有 0 和 1 两种情况。create_node()函数在创建 node 发现错误时，该函数不但返回创建时的错误信息，如安全问题或命名空间问题等，还会积极地修正错误。例如当安全信息错误时，会先交互式地发出请求，若请求通过，则直接忽略安全信息。然后不断地调用 participant_qos 函数中的内容，其中 participant_qos 函数可以改变 security_options 的值，使安全请求成立，只有当多次尝试修正错误失败后才会输出 error。当命名出现问题时，系统向用户发出询问覆盖原有节点，若用户同意，则覆盖原有节点，若用户不同意，则不断调用 rmw_X_方式_namespace()来使命名成立，当多次尝试修正错误失败后才会输出 error。

```
create_node(
    const char * implementation_identifier,
    const char * name,
    const char * namespace_,
    size_t Domain_id,
    const rmw_node_security_options_t * security_options)
```

rmw_create_publisher()函数变量包括节点结构体、支持类型、标签（关键词）、名称和详细信息。publisher 先判断各个数据是否为空，然后判断安全信息，用户是否有发布者权限等。ROS2 中对发布者的识别可以通过拦截 publisher_identifier 的值来实现，可能存在一定的安全隐患。

rmw_wait( )和 rmw_waitset( )把其各个子函数联系起来，以控制 RMW 在工作时的顺序。该函数主要任务是形成任务列表，把接下来执行的任务有序地放在任务列表中，任务默认被插在链表最后。完成插队仅由 condition 来实现。rmw_wait( )主要用来放置一次新的任务。rmw_waitset( )用来对链表的特殊情况进行判断并更正，例如链表满、链表空、链表信息错误、新建任务的子链表。

RMW 定义并判断 topic_name namespace node_name 的有效性流程图，如图 2-43 所示。先判断变量是否定义，再判断结果是否确定，继续逐一判断格式是否合法，例如长度是否为 0，第一个字符是否为"/"，最后一个字符是否为"/"，名字是否只为"_"，是否含有非"a-z A-Z"、下划线之外的字符，名称长度是否合法，其中是否存在双斜线，是否存在"/0"等。没有任何问题返回"RMW_RET_OK"，否则输出错误原因。

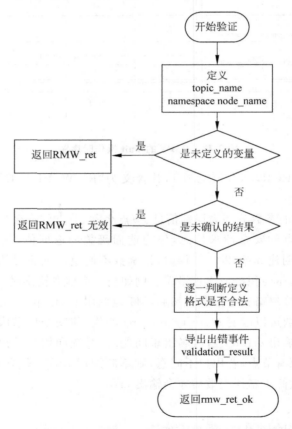

图 2-43 定义并判断 topic_name namespace node_name 的有效性流程图

定义并判断 topic 有效性的函数核心功能代码注释如下：

```
rmw_ret_t
rmw_validate_full_topic_name(
  const char * topic_name,
```

```c
  size_t * invalid_index)
{
  // 核查是否具有合法的名称
  if (!topic_name) {
    return RMW_RET_INVALID_ARGUMENT;
  }
  // 核查是否已具有非法的输出结果
  if (!validation_result) {
    return RMW_RET_INVALID_ARGUMENT;
  }
  size_t topic_name_length = strlen(topic_name);

  // 若名称串长度为0,则返回1并告知程序错误位置
  if (topic_name_length == 0) {
    * validation_result = RMW_TOPIC_INVALID_IS_EMPTY_STRING;
    if (invalid_index) {
      * invalid_index = 0;
    }
    return RMW_RET_OK;
  }
      // 若名称串以'/'开始,即非绝对名称,则返回2并告知程序错误位置
  if (topic_name[0] != '/') {
    * validation_result = RMW_TOPIC_INVALID_NOT_ABSOLUTE;
    if (invalid_index) {
      * invalid_index = 0;
    }
    return RMW_RET_OK;
  }
      // 若名称串以'/'结束,则返回3并告知程序错误位置
  // 此时名称串长度已确定大于0
  if (topic_name[topic_name_length - 1] == '/') {
    // catches both "/foo/" and "/"
    * validation_result = RMW_TOPIC_INVALID_ENDS_WITH_FORWARD_SLASH;
    if (invalid_index) {
      * invalid_index = topic_name_length - 1;
    }
    return RMW_RET_OK;
  }
    // 检查非法字符
  for (size_t i = 0; i < topic_name_length; ++i) {
    if (rcutils_isalnum_no_locale(topic_name[i])) {
      // 若字符为字母或数字,则continue
      continue;
    } else if (topic_name[i] == '_') {
      // 若字符为下划线,则continue
      continue;
    } else if (topic_name[i] == '/') {
      // 若字符为正斜杠,则continue
      continue;
    } else {
      // 否则为非法字符,则返回4
```

```cpp
        *validation_result = RMW_TOPIC_INVALID_CONTAINS_UNALLOWED_CHARACTERS;
        if (invalid_index) {
          // 向程序返回错误位置
          *invalid_index = i;
        }
        return RMW_RET_OK;
      }
    }
    // 检查串中是否有连续的两个'/'或以数字开始的名称
    for (size_t i = 0; i < topic_name_length; ++i) {
      if (i == topic_name_length - 1) {
        // 不核查末尾字符
        continue;
      }
      // 检查是否有连续的两个'/',若有则返回5,并告知程序错误位置
      if (topic_name[i] == '/') {
        if (topic_name[i + 1] == '/') {
          *validation_result = RMW_TOPIC_INVALID_CONTAINS_REPEATED_FORWARD_SLASH;
          if (invalid_index) {
            *invalid_index = i + 1;
          }
          return RMW_RET_OK;
        }
        if (isdigit(topic_name[i + 1]) != 0) {
          // 检查是否存在以数字开始的名称串的部分,若有,则返回6,并告知程序错误位置
          *validation_result = RMW_TOPIC_INVALID_NAME_TOKEN_STARTS_WITH_NUMBER;
          if (invalid_index) {
            *invalid_index = i + 1;
          }
          return RMW_RET_OK;
        }
      }
    }
    // 检查串长度,若大于最长允许长度,则返回7,定位错误位置为末尾
    if (topic_name_length > RMW_TOPIC_MAX_NAME_LENGTH) {
      *validation_result = RMW_TOPIC_INVALID_TOO_LONG;
      if (invalid_index) {
        *invalid_index = RMW_TOPIC_MAX_NAME_LENGTH - 1;
      }
      return RMW_RET_OK;
    }
    // 无错误情况,返回0
    *validation_result = RMW_TOPIC_VALID;
    return RMW_RET_OK;
}
const char *
rmw_full_topic_name_validation_result_string(int validation_result)
{
    switch (validation_result) {
      case RMW_TOPIC_VALID:
        return NULL;
```

```
    case RMW_TOPIC_INVALID_IS_EMPTY_STRING:
      return "topic name must not be empty";
    case RMW_TOPIC_INVALID_NOT_ABSOLUTE:
      return "topic name must be absolute, it must lead with a '/'";
    case RMW_TOPIC_INVALID_ENDS_WITH_FORWARD_SLASH:
      return "topic name must not end with a '/'";
    case RMW_TOPIC_INVALID_CONTAINS_UNALLOWED_CHARACTERS:
      return "topic name must not contain characters other than alphanumerics, '_', or '/'";
    case RMW_TOPIC_INVALID_CONTAINS_REPEATED_FORWARD_SLASH:
      return "topic name must not contain repeated '/'";
    case RMW_TOPIC_INVALID_NAME_TOKEN_STARTS_WITH_NUMBER:
      return "topic name must not have a token that starts with a number";
    case RMW_TOPIC_INVALID_TOO_LONG:
      return "topic length should not exceed '" RMW_STRINGIFY(RMW_TOPIC_MAX_NAME_LENGTH) "'";
    default:
      return NULL;
  }
}
```

2.7 robot_model 及状态发布代码分析

robot_model 及状态发布主要功能模块包括 ROS2::robot_model 模块、ROS2::robot_state_publisher 模块、ROS2::ros1_bridge 模块。

2.7.1 robot_model 模块功能

ROS2::robot_model 主要是对机器人描述并创建 URDF 模型。统一机器人描述格式 (Unified Robot Description Format, URDF)是统一机器人描述标准,采用 XML 格式的机器人模型。ROS2::robot_model 各主要模块对应的功能如下：collada_urdf 实现.urdf 文件与 COLLADA.dae 文件的相互转换。collada_parser 解析读取 collada XML 机器人描述并创建一个 URDF 模型。kdl_parser 提供了从 URDF 中的 XML 机器人表示构造 KDL 树的工具。其中运动学和动力学库(the Kinematics and Dynamics Library,KDL)定义了一个树形结构表示机器人机构的运动学和动力学参数。kdl_parser 可扩展 URDF 中的 XML 机器人,构造 KDL 树。URDF 模块实现了普通 URDF 文件缺省解析器,其他解析器可通过插件加载。

1. collada_urdf

该软件包包含一个将统一机器人描述格式(URDF)文档转换为 COLLAborative Design Activity(COLLADA)文档的工具。COLLADA 不仅可以用于建模工具之间交换数据,也可以作为场景描述语言,用于小规模的实时渲染。COLLADA DOM 拥有丰富的内容,可用于表现场景中的各种元素,包括各种多边形几何体,甚至可以表示摄像机,因此可以通过 COLLADA DOM 库来进行场景文件的读取与处理操作。

collada_urdf.cpp 实现常见场景并将 urdf::Model 对象写入 COLLADA DOM。

collada_urdf.cpp 中主要的类包括：

ResourceIOStream：资源的输入输出流。

ResourceIOSystem：资源的输入输出系统，检测文件是否存在，并创建文件路径。

Triangle：创建三维空间。

ColladaWriter：实现 urdf::Model 对象写入 COLLADA DOM。

collada_to_urdf.cpp：将 xml 文件解析成树形结构（TreeXML）并显示出来。urdf_to_collada.cpp：把 .urdf 文件转换成 COLLADA .dae 文件。

2. collada_parser

collada_parser 包含用于 Collada 机器人描述格式的 C++ 分析器。解析器读取 Collada XML 机器人描述并创建一个 C++ 支持的 URDF 模型。collada_parser 常用类的 E-R 图如图 2-44 所示。主要代码解析如下：

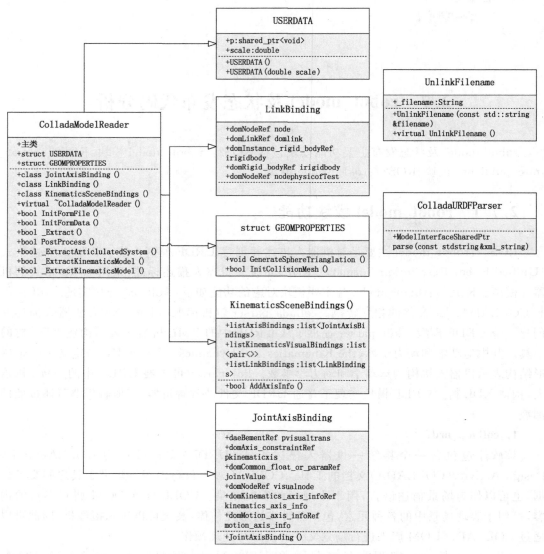

图 2-44 collada_parser 常用类的 E-R 图

```
class UnlinkFilename                        //与文件断开 link
class ColladaModelReader                    //主类,整体解析,返回 URDF 模型
{   class JointAxisBinding                  //joint 绑定构造函数 JointAxisBinding 需查找父节点
    class LinkBinding                       //links 绑定
    class KinematicsSceneBindings           //为运动学场景提供简洁的内部 collada 绑定
    bool AddAxisInfo                        //添加轴信息函数
    struct USERDATA                         //存储用户数据的结构
    struct GEOMPROPERTIES                   //几何图形的结构体
    void GenerateSphereTriangulation        //功能:产生球面三角形
    bool InitCollisionMesh                  //初始化 collisionmesh
    bool InitFromFile()                     //初始化文件
    bool InitFromData()                     //初始化数据
    bool _Extract()                         //在场景中提取第一个可能的机器人模型数据,返回值
                                            //为真时进行提取;为假时,跳出
    bool PostProcess()                      //提取后的处理并检测上一个函数的提取率
    bool _ExtractArticulatedSystem          //(函数重载)附加简单运动学模型
    bool _ExtractGeometry(函数重载)         //在 STRIPS 中提取几何信息并将其添加到 OpenRave 中
    void _ExtractRobotAttachedActuators()   //提取机器人执行器
    void _ExtractRobotManipulators()        //提取机器手臂
    void _ExtractRobotAttachedSensors()     //提取附在机器人传感器
}
```

3. kdl_parser

KDL 定义了一个树结构表示机器人机构的运动学和动力学参数。kdl_parser 提供了一种构建完整 KDL 树对象的简单方法。提供了从 URDF 中的机器人 XML 转换为 KDL 树的工具。该软件包包含由 OROCOS 项目分发的最新版本的运动学和动力学库。kdl_parser 是一个元包,依赖于 C++ 版本的 orocos_kdl 和 Python 版本的 python_orocos_kdl。

4. URDF

URDF 软件包包含用于 URDF 的 C++ 解析器。URDF 是一种用于表示机器人模型的 XML 格式。URDF 软件包的 model.cpp 包含普通 URDF 文件缺省解析器,其他解析器可通过插件加载。解析器将 XML 数据解析成一个可被浏览和操作的 C++ 对象,然后将解析后的 C++ 对象写到磁盘或者另一个输出流中。URDF 相关的函数主要包括 urdf::model::initFile( )、urdf::model::initString( )、robot_model::collada_urdf::collada_to_urdf::printTreeXML( )等。

1) Model::initFile(const std::string & filename)

函数声明:

```
Model::initFile(const std::string & filename)
```

函数功能:读取整个 XML 文件。

参数 filename:XML 文件的文件名。

返回值:bool 类型,true 或者 false。

函数核心功能代码注释:

```
// 获取整个文件
  std::string xml_string;
  std::fstream xml_file(filename.c_str(), std::fstream::in);
```

```
//打开 XML 文件
if (xml_file.is_open()) {
//逐行读入
  while (xml_file.good()) {
    std::string line;
    std::getline(xml_file, line);
    xml_string += (line + "\n");
  }
//关闭 XML 文件
  xml_file.close();
  return Model::initString(xml_string);
} else {
    //无法打开文件进行解析
    fprintf(stderr, "Could not open file [%s] for parsing.\n", filename.c_str());
    return false;
```

2) Model::initString(const std::string & xml_string)

函数声明：Model::initString(const std::string & xml_string)。

函数功能：解析 XML 文件。

参数 xml_string：XML 文件内容。

函数返回值：bool 类型，true 或者 false。

函数核心功能代码注释：

```
// 判断 collada 必要的兼容性
  if (IsColladaData(xml_string)) {
    fprintf(stderr, "Parsing robot collada xml string is not yet supported.\n");
    return false;
  } else {
    fprintf(stderr, "Parsing robot URDF xml string.\n");
    model = parseURDF(xml_string);
  }
  // 将数据从模型复制到这个对象
  if (model) {
    this->links_ = model->links_;
    this->joints_ = model->joints_;
    this->materials_ = model->materials_;
    this->name_ = model->name_;
    this->root_link_ = model->root_link_;
    return true;
  }
```

3) printTreeXML()

函数声明：

printTreeXML(urdf::LinkConstSharedPtr link, string name, string file)

函数功能：打印 XML 文件的树形结构。

参数 link：一个链接常数共享指针。

参数 name：字符串，表示机器人名字。

参数 file：字符串，一个 XML 文件中的内容。
函数返回值：无
函数核心功能代码注释如下：

```
std::ofstream os;
 os.open(file.c_str());
    os << "<?xml version = \"1.0\"?>" << endl;  //这是 XML 文件的第一行,声明这是一个 XML 文件
 os << "< robot name = \"" << name << "\">" << endl;   //输出机器人名字
 os << "         xmlns:xi = \"http://www.w3.org/2001/XInclude\">" << endl;
 addChildLinkNamesXML(link, os);          //添加子链接名
 addChildJointNamesXML(link, os);         //添加子节点名
 os << "</robot>" << endl;
 os.close();
```

2.7.2　机器人状态发布

robot_state_publisher 模块将 URDF 模型（机器人状态）发布到 tf 转换库中。robot_state_publisher 模块借助两个话题接口与外部通信，分别是：joint_state_listener，负责订阅关节状态话题，控制 joint；robot_state_publisher，使用参数 robot_description 指定的 URDF 和主题 joint_states 中的关节位置计算机器人的正向运动学并通过 tf 发布结果。

1. robot_state_publisher

robot_state_publisher 软件包实现发布一个机器人的状态到 tf。该软件包以机器人的关节角度作为输入，利用机器人的运动树模型发布机器人连杆的三维姿态。该软件包既可以用作库，也可以用作 ROS 节点。robot_state_publisher 使用参数 robot_description 指定的 URDF 和主题 joint_states 中的关节位置来计算机器人的正向运动学，并通过 tf 发布结果。robot_state_publisher 的时序图如图 2-45 所示。

1) 从 KDL 到 Transform

调用类 KDL::Frame，用 GetQuaternion()方法获取机器人的四元数。

调用类 geometry_msgs::msg::TransformStamped 的 transform 获取位置矢量坐标。

2) 从 Transform 到 KDL

调用类 KDL::Rotation::Quaternion 表示四元数。用 KDL::Vector 类表示旋转矩阵。

3) 发布可移动关节状态

调用 std::map 类表示所发布关节位置的地图。调用 builtin_interfaces::msg::Time 类记录关节位置的时间。调用 geometry_msgs::msg::TransformStamped 类具体刻画机器人框架。发布机器人的可移动关节状态调用 publishTransform 函数。最后用 sendTransform()方法发布消息。publishTransforms 函数声明如下所示：

```
void RobotStatePublisher::publishTransforms
(const std::map< std::string, double > & joint_positions, const builtin_interfaces::msg::Time
& time, const std::string & tf_prefix)
```

publishTransforms 的 3 个参数如下，分别为：

joint_positions：关节位置。

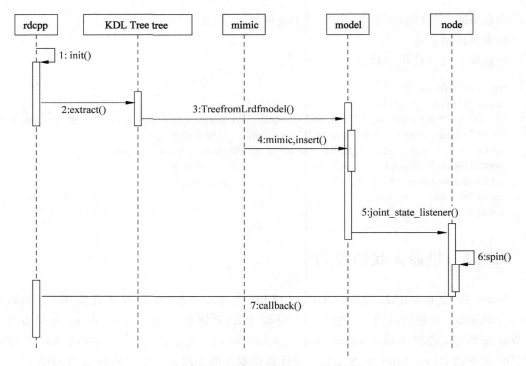

图 2-45 robot_state_publisher 的时序图

time：关节位置记录时间。

tf_prefix：tf 的前缀。

4）发布固定关节状态

调用 std::chrono::nanoseconds 记录时间，用 std::chrono::milliseconds 方法更改时间参数。调用 geometry_msgs::msg::TransformStamped 类具体刻画机器人框架。最后用 sendTransform() 方法发布消息。

5）robot_state_publisher 的主要函数

（1）transformToKDL()

函数声明：

KDL::Frame transformToKDL(const geometry_msgs::msg::TransformStamped & t)

函数功能：transform 向 KDL 传递关节状态。

参数 t：消息的一种，表示从坐标框架 header.frame_id 变换到坐标框架 child_frame_id。

函数返回值：返回一个 KDL 包中定义的框架，包括完整的旋转矩阵（vector）和完整的姿态信息（rotation）。

（2）kdlToTransform()

函数声明：

geometry_msgs::msg::TransformStamped kdlToTransform(const KDL::Frame & k)

函数功能：KDL 向 transform 传递关节状态。

参数 k：一个 KDL 框架。

函数返回值：返回一个包含几何图元（位置、姿态）信息的消息。
核心功能代码注释：

```
//将机器人在KDL框架下的位置矢量(x,y,z)传递给
 t.transform.translation.x = k.p.x();
 t.transform.translation.y = k.p.y();
 t.transform.translation.z = k.p.z();
//获取机器人的四元数(滚动、俯仰、偏转角度等)
 k.M.GetQuaternion(t.transform.rotation.x, t.transform.rotation.y, t.transform.rotation.z,
    t.transform.rotation.w);
```

（3）publishTransforms( )

函数声明：

```
void RobotStatePublisher::publishTransforms(const std::map < std::string, double > & joint_
positions,
    const builtin_interfaces::msg::Time & time,
    const std::string & tf_prefix)
```

函数功能：向tf发布机器人移动关节状态。

参数joint_positions：包含所发布关节位置的地图。

参数time：记录关节位置的时间。

参数tf_prefix：和机器人空间坐标有关的字符串。

函数返回值：无。

（4）publishFixedTransforms( )

函数声明：

```
void RobotStatePublisher::publishFixedTransforms(const std::string & tf_prefix, bool use_tf_
static)
```

函数功能：向tf发布机器人固定关节状态。

参数tf_prefix：和机器人空间坐标有关的字符串。

参数use_tf_static：设置是否使用tf_static锁定的静态转换广播器，默认值为true。

函数返回值：无。

（5）callbackJointState( )

函数声明：

```
void JointStateListener::callbackJointState(const sensor_msgs::msg::JointState::SharedPtr
state)
```

函数功能：回调关节状态。

参数state：状态信息。

函数返回值：无。

函数核心功能代码注释：

```
// 检查是否及时后移(e.g. when playing a bag file)
 auto now = std::chrono::system_clock::now();
 if (last_callback_time_ > now) {
    // 强制重新发布关节信息
```

```cpp
      fprintf(stderr,
        "Moved backwards in time, re-publishing joint transforms!\n");
      last_publish_time_.clear();
    }
    last_callback_time_ = now;
    // 确定最近发布的关节
    auto last_published = now;
    for (unsigned int i = 0; i < state->name.size(); i++) {
      auto t = last_publish_time_[state->name[i]];
      last_published = (t < last_published) ? t : last_published;
    }
    //检查是否需要发布
    if (ignore_timestamp_ || true) {
      // 从状态消息中获取关节位置
      std::map<std::string, double> joint_positions;
      for (unsigned int i = 0; i < state->name.size(); i++) {
        joint_positions.insert(std::make_pair(state->name[i], state->position[i]));
```

2. joint_state_listener

订阅关节消息的主要流程由 joint_state_listener 完成。joint_state_listener 类为机器人订阅 sensor_msgs/JointState 消息。该类读取 robot_description 参数，找到所有关节，并检查发布的关节信息的时间，以此判断消息是否及时。订阅关节状态调用 sensor_msgs::msg::JointState::SharedPtr 类来表示关节状态。回调关节状态调用 std::chrono::system_clock 类中的 now() 方法获取当前时间，如果消息不及时，则用 clear() 方法重置时间，强制重新发布消息。用 sensor_msgs::msg::JointState::SharedPtr 类中的 insert() 方法将一个状态插入另一个状态。用 std::make_pair 表示待操作的一对状态。用 publishTransforms 方法重新发布消息。joint_states 话题的消息为 sensor_msgs/JointState.msg，内容如下：

```
std_msgs/Header header
    uint32 seq
    time stamp
    string frame_id
string[] name              //指定 robot_state_publisher 要操作 test.urdf 载入文件中的 joint
float64[] position         //为 name 所指定的 joint 设置运动参数值
float64[] velocity         //关节的速度
float64[] effort           //关节的力量
```

2.7.3　ROS 与 ROS2 的桥接

ROS2 与 ROS 的软件架构差异非常大，但在实际开发过程中经常遇到需要 ROS2 节点与 ROS 节点通信的情况，为了应对这种情况，ROS2 支持 ROS2 节点通过"桥接"的方式与 ROS 节点通信。ROS2 与 ROS 的桥接主要在 ros1_bridge 实现，主要功能代码如下：

1. static_bridge

static_bridge：定义 ROS 与 ROS2 之间同一类型的 topic，完成 message 的传递。
convert_builtin_interfaces：定义 ROS 与 ROS2 相互转化的时间与时间间隔信息。
builtin_interfaces::msg::Duration & ros2_msg：表示时间间隔信息。
builtin_interfaces::msg::Time & ros2_msg：表示时间信息。

2. dynamic_bridge

dynamic_bridge 类是整个 Robot_bridge 里最重要的类,它在算法层面实现了 ROS 与 ROS2 之间联系的创建和删除并实现了桥接更新的方式,然后通过这种方式分别建立 ROS 和 ROS2 的节点管理器: auto ros1_poll 和 auto ros2_poll,在这两个函数中实现了查看发布者、查看订阅者、检查服务、获取主题的消息类型。

3. parameter_bridge

parameter_bridge 类判断 ROS 与 ROS2 二者的 topic 参数是否相同,若相同,则尝试建立它们之间的信息连接。

4. simple_bridge

simple_bridge 类主要负责传递参数,其中定义了两个函数: void ros2ChatterCallback (const std_msgs::msg::String::SharedPtr ros2_msg) 和 void ros1ChatterCallback(const ros::MessageEvent< std_msgs::String const > & ros1_msg_event),第一个函数是在接到 ROS2 的新消息后将其传递给 ROS,第二个函数将 ROS 的新消息传递给 ROS2,第二个函数多了一步判断 connection_header-> find(key) 与 connection_header-> end() 是否相等,之后在主函数中将 ROS 和 ROS2 的订阅者、发布者和节点进行初始化。

5. 主要函数

1) chatterCallback( )

函数声明:

```
void chatterCallback(const std_msgs::String::ConstPtr & ros1_msg)
```

函数功能:对"chatter"话题进行回调,将收到的信息缓存下来,在缓存信息达到一定数量后,后面到达的消息覆盖前面的消息。

参数 ros1_msg: ROS 中的 message。

函数返回值:无。

核心功能代码注释:

```
auto ros2_msg = std::make_shared< std_msgs::msg::String >();
ros2_msg -> data = ros1_msg -> data;          //将 ROS 中的 message 传给 ROS2
std::cout << "Passing along: [" << ros2_msg -> data << "]" << std::endl;
pub -> publish(ros2_msg);                      //发布 ROS2 收到的消息
```

2) update_bridge( )

函数声明:

```
void update_bridge(
ros::NodeHandle & ros1_node,
rclcpp::node::Node::SharedPtr ros2_node,
const std::map< std::string, std::string > & ros1_publishers,
const std::map< std::string, std::string > & ros1_subscribers,
const std::map< std::string, std::string > & ros2_publishers,
const std::map< std::string, std::string > & ros2_subscribers,
const std::map< std::string, std::map< std::string, std::string >> & ros1_services,
const std::map< std::string, std::map< std::string, std::string >> & ros2_services,
std::map< std::string, Bridge1to2HandlesAndMessageTypes > & bridges_1to2,
std::map< std::string, Bridge2to1HandlesAndMessageTypes > & bridges_2to1,
```

```
std::map< std::string, ros1_bridge::ServiceBridge1to2 > & service_bridges_1_to_2,
std::map< std::string, ros1_bridge::ServiceBridge2to1 > & service_bridges_2_to_1,
bool bridge_all_1to2_topics, bool bridge_all_2to1_topics)
```

函数功能：在 ROS 和 ROS2 之间完成创建连接和删除已有的连接等操作。

参数 ros1_node：ROS 的节点。

参数 ros2_node：ROS2 的节点地址。

参数 ros1_publishers：ROS 发布者的主题和类型。

参数 ros1_subscribers：ROS 订阅者的主题和类型。

参数 ros2_publishers：ROS2 发布者的主题和类型。

参数 ros2_subscribers：ROS2 订阅者的主题和类型。

参数 ros1_services：ROS 的服务。

参数 ros2_services：ROS2 的服务。

参数 bridges_1to2：ROS 到 ROS2 的消息。

参数 bridges_2to1：ROS2 到 ROS 的消息。

参数 service_bridges_1_to_2：ROS 到 ROS2 的服务映射。

参数 service_bridges_2_to_1：ROS2 到 ROS 的服务映射。

参数 bridge_all_1to2_topics：1 到 2 的主题一致性。

参数 bridge_all_2to1_topics：2 到 1 的主题一致性。

函数返回值：无。

核心功能代码注释：

```
// 创建 1 到 2 的连接
  for (auto ros1_publisher : ros1_publishers) {
...
// 检查主题是否存在 1 到 2 桥
    if (bridges_1to2.find(topic_name) != bridges_1to2.end()) {
        auto bridge = bridges_1to2.find(topic_name)->second;
        if (bridge.ros1_type_name == ros1_type_name && bridge.ros2_type_name == ros2_type_name) {
          // 跳过正确类型的桥已经到位
            continue;
        }
// 删除以前类型的现有桥
      bridges_1to2.erase(topic_name);
      printf("replace 1to2 bridge for topic '% s'\n", topic_name.c_str());
    }
```

2.8　RCL 代码分析

RCL 的主要功能是用 C 语言实现了 ROS2 客户端库的抽象接口，RCL 在整个 ROS2 中起到桥接 RMW 和 RCLcpp 的作用。RCL 在 ROS2 的位置如图 2-46 所示。从图 2-46 可以看到，RCL 是一个比 RMW 更高层次的 API。在 RCL 上层是 rclpy、rclcpp、rcljava，它们分别是 RCL 的 Python、C++、Java 实现。RCL 接口提供了不限定于语言模式的功能，并且不限定消息类型，避免多次用不同语言实现相同的逻辑和功能，通过重用 RCL，客户端库可以更小，更一致。

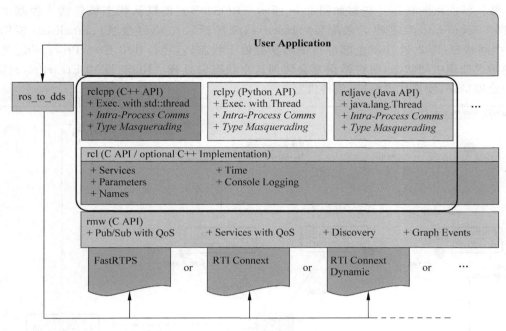

图 2-46 ROS2 的架构

RCL 中主要文件包括：node.c 定义节点；publisher.c 定义发布者；subscription.c 定义订阅者；client.c 定义服务客户端；service.c 定义服务；timer.c 定义计时器；time.c 定义 ROS 时间的概念；rcl.c 文件负责 RCL 库的初始化和关闭；wait.c 负责等待消息，服务请求，响应，定时器准备就绪；guard_conditon.c 负责警戒条件（用来异步唤醒等待节点）；graph.c 负责获得 ROC 图形变化的通知并进行处理；validate_topic_name.c 负责验证主题或服务名称的功能；expand_topic_name.c 负责将主题或服务名称扩展为完全限定名称的函数；rmw_implementation_identifier_check.c 负责 RMW 执行标识符（环境变量）检查；关于原子变量的标准定义主要由 stdatomic_helper/gcc/states.h、stdatomic_helper/win32/states.h 定义；原子变量的转换由 stdatomic_helper.h 定义。

1. rcl_lifecycle

rcl_lifecycle 的核心是状态机 (state_machine)，状态机描述节点的状态转移并提供管理节点生命周期的接口。状态机主要包括两部分：transition_map 和 com_interface。transition_map 定义状态机的状态和转移，com_interface 是状态机与 ROS 其他部分的通信接口。管理节点的生命周期允许更好地控制 ROS 节点的状态。ROS 加载器（roslaunch）确保在允许任何组件开始执行之前，都已正确实例化。状态机允许节点重新启动或在线更换功能。通过对"受控节点"提供一组接口，允许开发者自由地提供托管生命周期的功能，同时还能确保为管理节点创建的任何工具与任何兼容节点一起工作。

lifecycle 用到数据结构在 data_types.h 中声明。节点生命周期状态机与 ROS 其他部分通信接口在 com_interface.h 声明，具体在 com_interface.c 实现。默认状态机在 default_state_machine.h、default_state_machine.c 实现。状态机中节点和转移数据结构的声明在 states.h。状态机初始化在 rcl_lifecycle.h 定义，在 rcl_lifecycle.c 实现。状态转移在

transition_map.c 中实现。

默认状态机的状态及转移如图 2-47 所示。ROS2 节点的默认状态机包括 4 种基本状态，即 Unconfigured（创建后未配置）、Inactive（未激活）、Active（激活）、Finalized（析构）；6 种中间状态（图 2-47 中浅色部分），中间状态处于状态转换间，其中 ErrorProcessing 是专门的错误处理中间状态，所有错误都会转到这个状态去处理。ROS2 采用 ErrorProcessing 集中处理错误，使得代码整洁，值得借鉴。

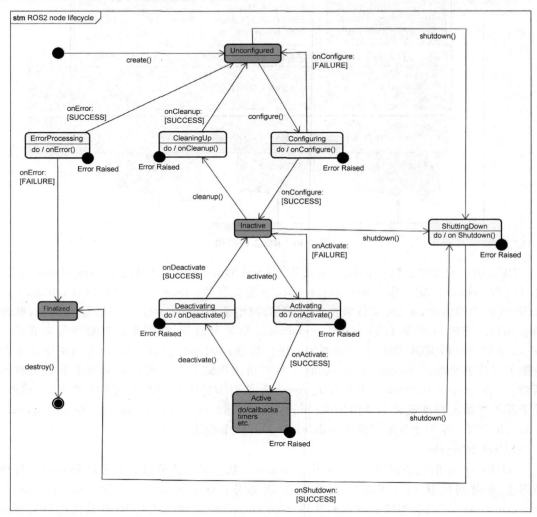

图 2-47 默认状态机的状态及转移

2. RCL 主要类间关系

RCL 主要类包括：node 文件的 rcl_node_t，rcl_node_options_t；publisher 文件的 rcl_publisher_t，rcl_publisher_options_t；client 文件的 rcl_client_t，rcl_client_options_t；subscription 文件的 rcl_subscription_t，rcl_subscription_options_t；service 文件的 rcl_service_t，rcl_service_options_t；timer 文件的 rcl_timer_t；wait 文件的 rcl_wait_set_t；guard_condition 文件的 rcl_guard_condition_t，rcl_guard_condition_options_t；time 文件的 rcl_time_source_t，rcl_time_point_t，rcl_duration_t。

RCL 类间关系如图 2-48 所示。rcl_lifecycle 状态机的类间关系如图 2-49 所示。

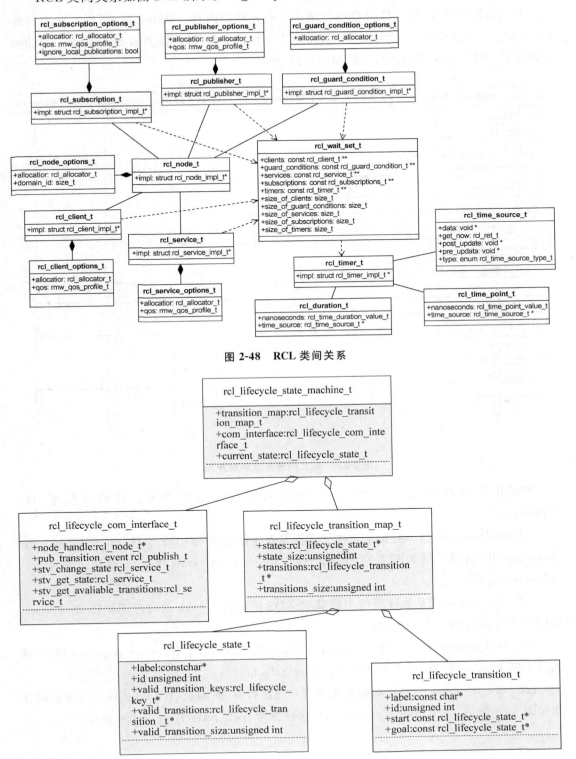

图 2-48　RCL 类间关系

图 2-49　rcl_lifecycle 状态机的类间关系

构造好的节点可以用于实现发布者、订阅者、客户端、服务端等,其时序图如图 2-50 所示。节点的析构函数,销毁任何自动创建的节点并释放内存。调用之后,可以安全地释放 rcl_node_t。节点释放后,任何由用户在节点上创建的中间件原语,例如 publishers、services 等将无效。节点析构函数的时序图如图 2-51 所示。

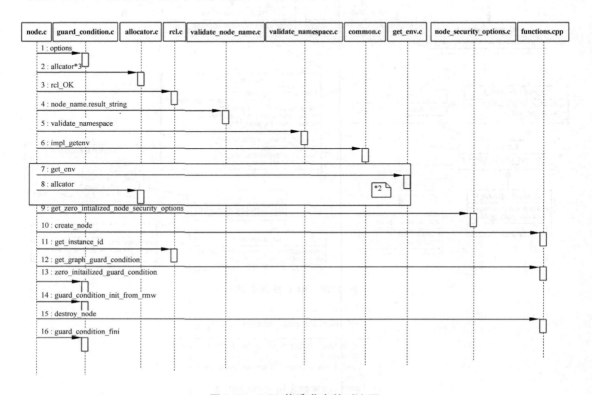

图 2-50　RCL 构造节点的时序图

初始化发布者(rcl_publisher_init)的时序图如图 2-52 所示。代码可参考 rcl\publisher.c。

rcl_publisher_get_rmw_handle 主要功能是在主题上发布 ROS 消息,rcl_publisher_get_rmw_handle 的时序图如图 2-53 所示。rcl_publisher_get_rmw_handle 代码可参考 rcl\publisher.c。

rcl_take 主要功能是从订阅的主题获取 ROS 消息,rcl_take 的时序图如图 2-54 所示。代码可参考 src\rcl\subscription.c。

rcl_send_request 的主要功能是使用客户端发送 ROS 请求,rcl_send_request 的时序图如图 2-55 所示。代码可参考 ros2\rcl\rcl\src\rcl\client.c。

rcl_take_response 的主要功能是使用客户端进行 ROS 响应,rcl_take_response 的时序图如图 2-56 所示。rcl_take_response 的代码可参考 ros2\rcl\rcl\src\rcl\client.c。

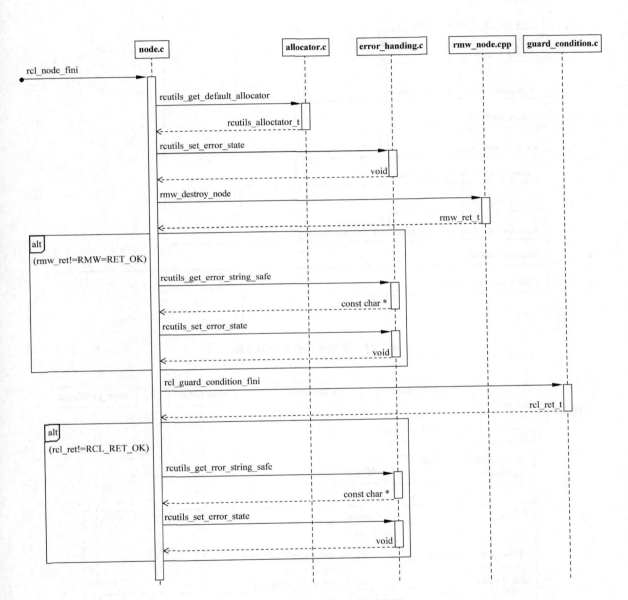

图 2-51 节点的析构函数时序图

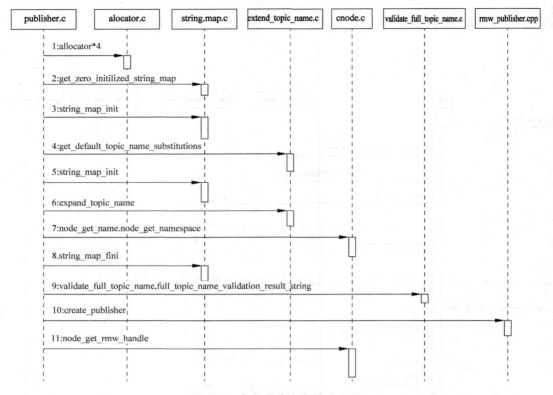

图 2-52 初始化发布者的时序图

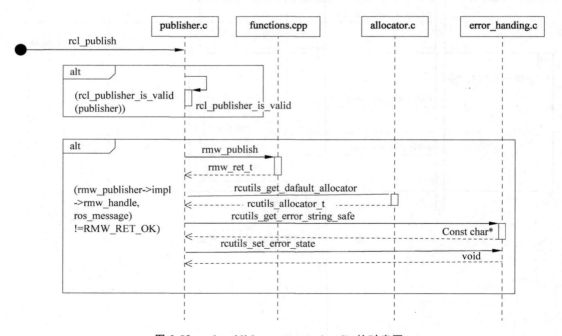

图 2-53 rcl_publisher_get_rmw_handle 的时序图

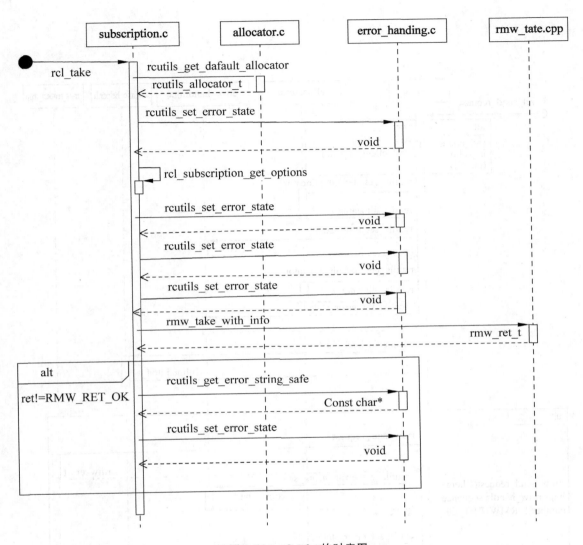

图 2-54 rcl_take 的时序图

rcl_take_request 的主要功能是使用 RCL 服务获取一个挂起的 ROS 请求，rcl_take_request 的时序图如图 2-57 所示。rcl_take_request 的代码可参考 rcl\service.c。

rcl_send_response 的主要功能是完成服务端向客户端发送 ROS 响应，rcl_send_response 的时序图如图 2-58 所示。rcl_send_response 的代码可参考 rcl\service.c。

RCL 初始化的时序图如图 2-59 所示，RCL 初始化源代码可参考 ros2\rcl\rcl\src\rcl\rcl.c。

计时器初始化的时序图如图 2-60 所示，源代码可参考 ros2\rcl\rcl\src\rcl\timer.c。

定时器初始化的时序图如图 2-61 所示，源代码可参考 ros2\rcl\rcl\src\rcl\wait.c。

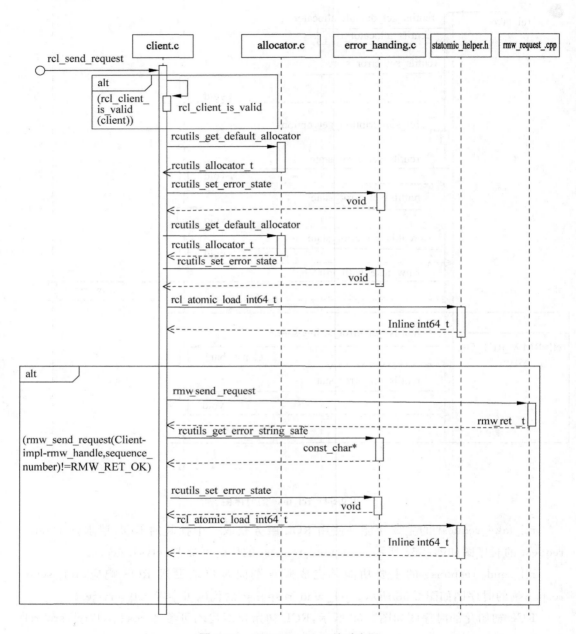

图 2-55 rcl_send_request 的时序图

第 2 章 ROS2 Ardent框架及功能的源码分析

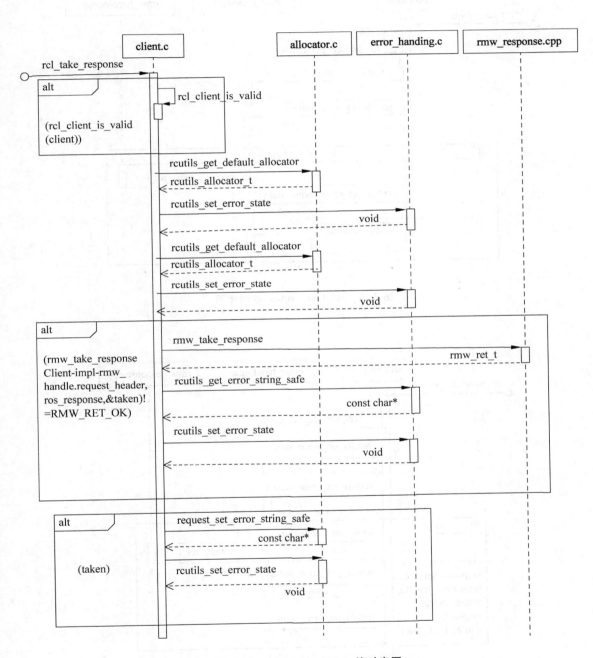

图 2-56 rcl_take_response 的时序图

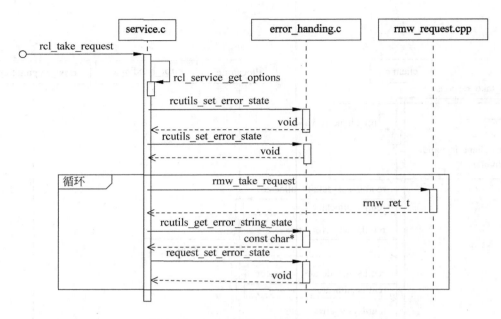

图 2-57 rcl_take_request 的时序图

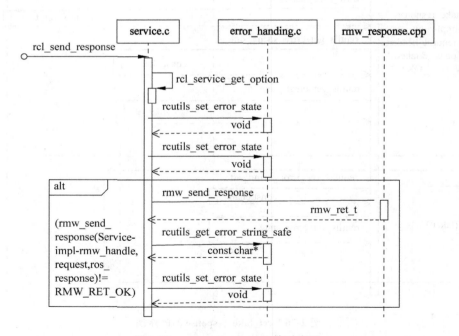

图 2-58 rcl_send_response 的时序图

第 2 章 ROS2 Ardent框架及功能的源码分析

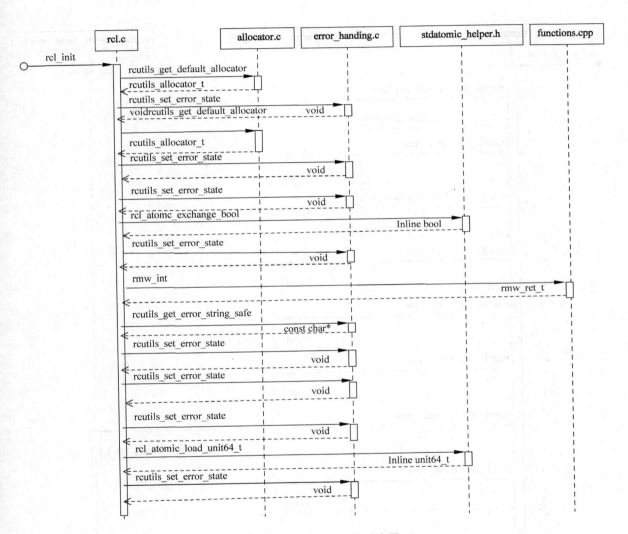

图 2-59 RCL 初始化的时序图

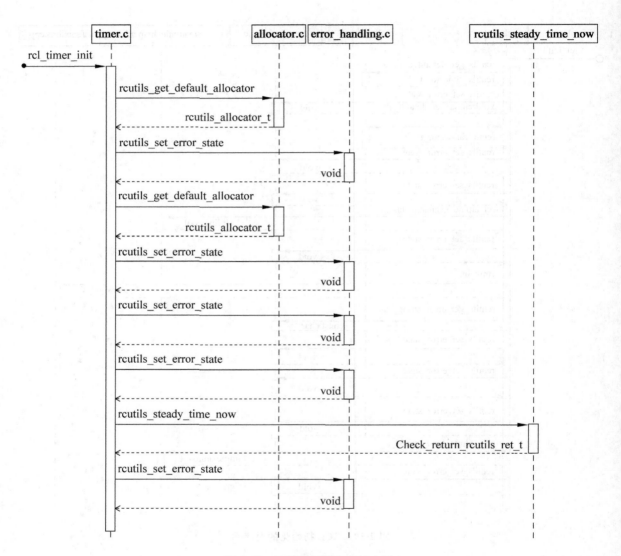

图 2-60 计时器初始化的时序图

第 2 章 ROS2 Ardent框架及功能的源码分析

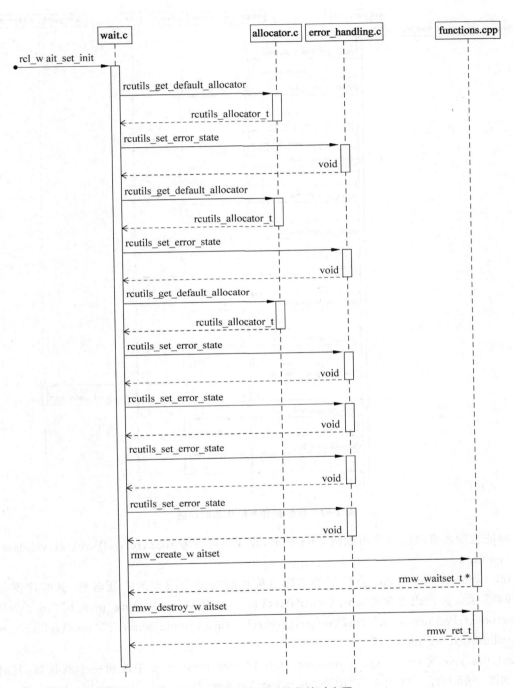

图 2-61 定时器初始化的时序图

保护条件初始化的时序图如图 2-62 所示,源代码可参考 ros2\rcl\rcl\src\rcl\guard_conditon.c。

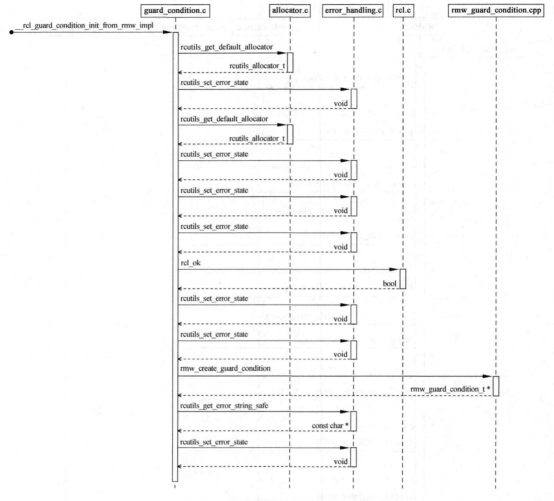

图 2-62 保护条件初始化的时序图

验证主题名有效的时序图如图 2-63 所示,源代码可参考 ros2\rcl\rcl\src\rcl\validate_topic_name.c。

rcl_expand_topic_name 将给定的主题名称扩展为完全限定的主题名称,其时序图如图 2-64 所示。源代码可参考"ros2\rcutils\include\rcutils\types\string_map.h""ros2\rcl\rcl\include\rcl\allocator.h""ros2\rcl\rcl\src\rcl\expand_topic_name.c""ros2\rcl\rcl\src\rcl\validate_topic_name.c"。

rcl_lifecycle 的 rcl_lifecycle_register_state 向 transition_map 中注册一个新状态,其时序图如图 2-65 所示。代码参考"ROS2-beta3-src\src\ros2\rcl\rcl_lifecycle\src\transition_map.c"。

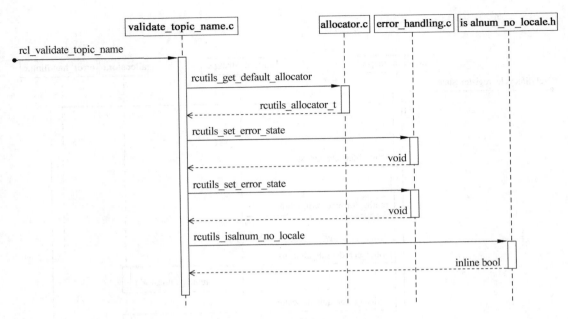

图 2-63　验证主题名有效的时序图

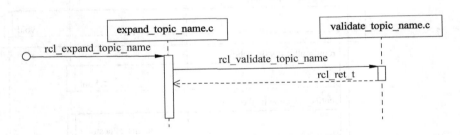

图 2-64　rcl_expand_topic_name 时序图

rcl_lifecycle_register_transition 向 transition_map 中注册一个新状态转移，其时序图如图 2-66 所示。代码可参考"ROS2-beta3-src\src\ros2\rcl\rcl_lifecycle\src\transition_map.c"。

初始化 rcl_lifecycle_state_machine_init 的时序图如图 2-67 所示。源代码参考"ROS2-beta3-src\src\ros2\rcl\rcl_lifecycle\src\rcl_lifecycle.c"。

rcl_lifecycle_state_machine_is_initialized 检查 state_machine 是否初始化，rcl_lifecycle_is_valid_callback_transition 检查状态机的当前状态是否有 key 转移，若有，则返回转移；否则返回 NULL。rcl_lifecycle_trigger_transition 执行 key 所指的转移。发布消息的完整流程如图 2-68 所示，发布消息的过程中主要调用 RCL 的 rcl_node_init、rcl_publisher_init、rcl_publish。

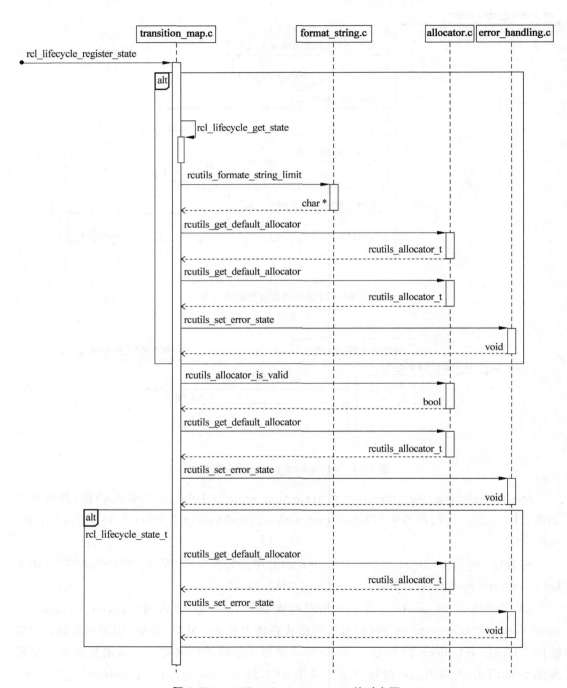

图 2-65 rcl_lifecycle_register_state 的时序图

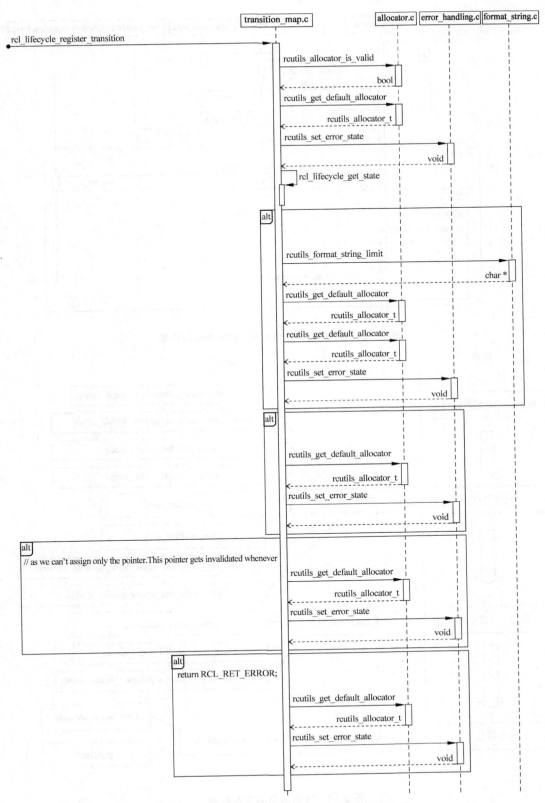

图 2-66 rcl_lifecycle_register_transition 的时序图

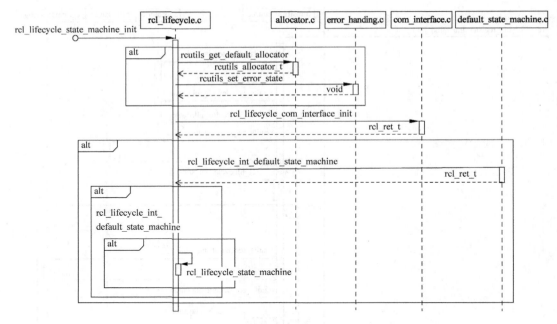

图 2-67　rcl_lifecycle_state_machine_init 时序图

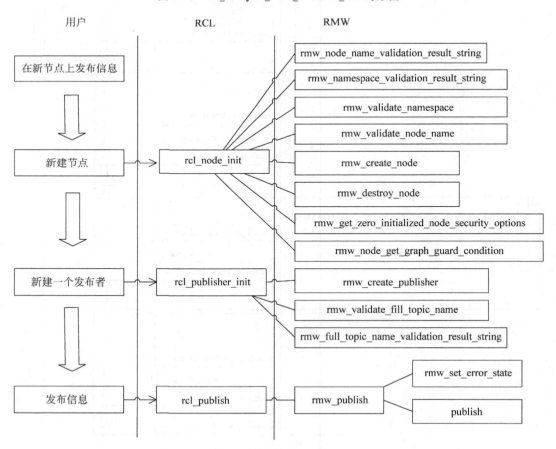

图 2-68　发布消息的完整流程

rcl_node_init 初始化 ROS 节点，调用 rcl_node_t 作为有效的节点句柄，直到调用 rcl_shutdown 或调用 rcl_node_fini 将节点析构为止。rcl_node_t 可用于创建其他中间件原语，如发布者、服务、参数等。需要注意节点的名称不能为 NULL，并且要遵守 rmw_validate_node_name() 函数定义的命名限制。

rcl_publisher_init 初始化一个 RCL 发行者。可以使用 rcl_publish() 将给定类型的消息发布到给定主题。注意给定的 rcl_node_t 必须是有效的，只有给定的 rcl_node_t 保持有效，构造出来的 rcl_publisher_t 才是有效的。rosidl_message_type_support_t 是以 .msg 类型为基础获取的。当用户定义 ROS 消息时，将生成所需 rosidl_message_type_support_t 对象的代码。

发布消息的流程，先检查可能为空的参数，然后验证输入的话题、节点的名称、命名空间，再检查可使用的替换，如果有，则进行所有替换。最后，将结果存储在输出指针并返回。

2.9　RCLcpp 代码分析

RCLcpp 是比 RCL 更高层次的 API，RCLcpp 是 ROS 的用 C++ 语言实现的客户端库，RCLcpp、RCL 在 ROS2 的软件架构中调用关系如图 2-46 所示。RCLcpp 主要功能和对应的实现方法如表 2-3 所示。Node 是 RCLcpp 重要的类，主要实现节点计时器、主题、服务等与节点相关的功能，其中 node_base_ 中有回调函数组数组(std::vector < rclcpp::callback_group::CallbackGroup::WeakPtr > callback_groups_)，每个回调函数组中有多个数组，分别是存放 subscription、timer、service、client 的数组。rclcpp::executor::AnyExecutable 判断 node 是否有可继续执行的任务，在初始化实例时 subscription、timer、service、client 成员变量中只有其中之一会被赋值，其他 3 个成员变量设为空，一个该实例代表一次回调函数的执行，也可以理解为一次操作。在 Executor 类中的 get_next_executable() 函数中，通过如果没有可用的 anyexecutable，则等待一段时间(wait_for_work(timeout);)后继续寻找 anyexecutable(auto any_exec = get_next_ready_executable();)的方式循环获得 anyexecutable，再根据得到的 anyexecutable 实例中具体哪一成员变量被赋值，执行对应的回调函数。

表 2-3　RCLcpp 主要功能和对应的实现方法

主　要　功　能	实现类及主要方法(按照调用顺序)
节点的建立	Node::Node()
创建 publisher	Node::create_publisher()
	create_publisher()
	NodeTopics::create_publisher()
	publisher_factory.create_typed_publisher()
	Publisher::Publisher()
	rcl_publisher_init()　//发布者初始化函数
	NodeTopics::add_publisher()
publisher 发布消息	Publisher::publish()
	Publisher::do_inter_process_publish()
	rcl_publish()//发布消息函数

续表

主要功能	实现类及主要方法（按照调用顺序）
创建 subscription	Node::create_subscription() create_subscription() NodeTopics::create_subscription() subscription_factory.create_typed_subscription() Subscription::Subscription() rcl_subscription_init() subscription_factory.setup_intra_process() NodeTopics::add_subscription()
subscription 接受消息	Executor::execute_any_executable() Executor::execute_subscription() Subscription::create_message() rcl_take() Subscription::return_message()
创建 service	Node::create_service() AnyServiceCallback::set() Service::Service() rcl_service_init() NodeServices::add_client()
service 接受 request 返回 respond	Service::create_request() Service::handle_request() AnyServiceCallback::dispatch() Service::send_response() rcl_send_response()
创建 client	Node::create_client() Client::Client() rcl_client_init() NodeServices_::add_client()
client 发送 request 接受 respond	create_response() create_request_header() handle_response() async_send_request()
执行回调函数	Executor::add_node() Executor::remove_node() Executor::spin_some() Executor::spin_once() Executor::execute_any_executable() Executor::execute_subscription() Executor::execute_intra_process_subscription() Executor::execute_timer() Executor::execute_service() Executor::execute_client() Executor::wait_for_work() Executor::get_next_ready_executable() Executor::get_next_executable()

Rclcpp 的 executor 执行一次处理操作的时序图如图 2-69 所示。具体过程：调用 get_next_ready_executable 函数得到一个 AnyExecutable 类的一个实例，传递给 execute_any_executable 函数，执行相应的处理操作。

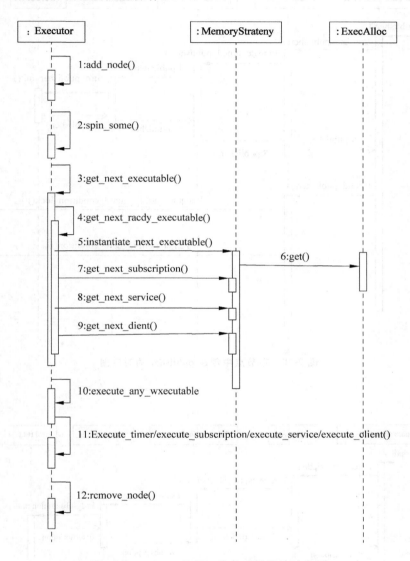

图 2-69　executor 执行一次处理操作的时序图

在节点中创建 publisher 的时序图如图 2-70 所示。

在节点中创建 subscription 的时序图如图 2-71 所示。在节点中创建 service 时序图如图 2-72 所示。

在节点中创建 client 的时序图如图 2-73 所示。

执行 subscription 的时序图如图 2-74 所示。

执行 service 的时序图如图 2-75 所示。执行 client 的时序图如图 2-76 所示。

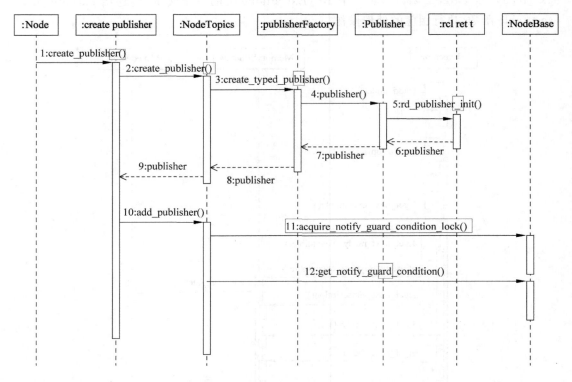

图 2-70　在节点中创建 publisher 的时序图

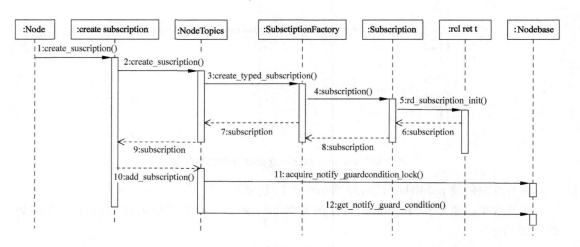

图 2-71　节点中创建 subscription 时序图

第 2 章　ROS2 Ardent框架及功能的源码分析

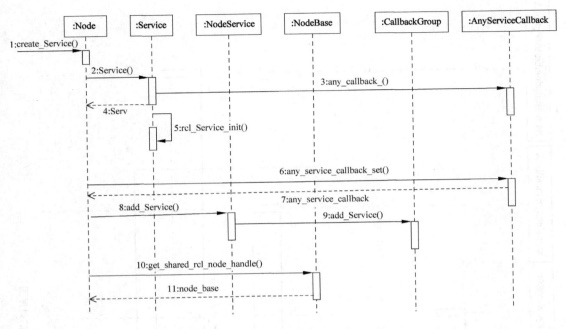

图 2-72　在节点中创建 service 的时序图

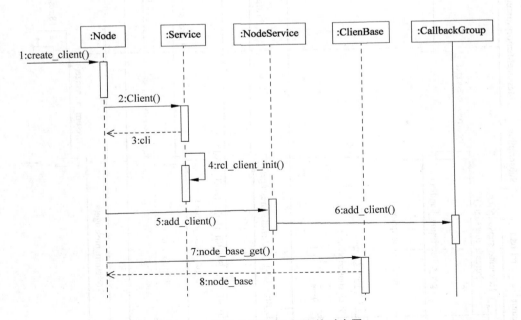

图 2-73　在节点中创建 client 的时序图

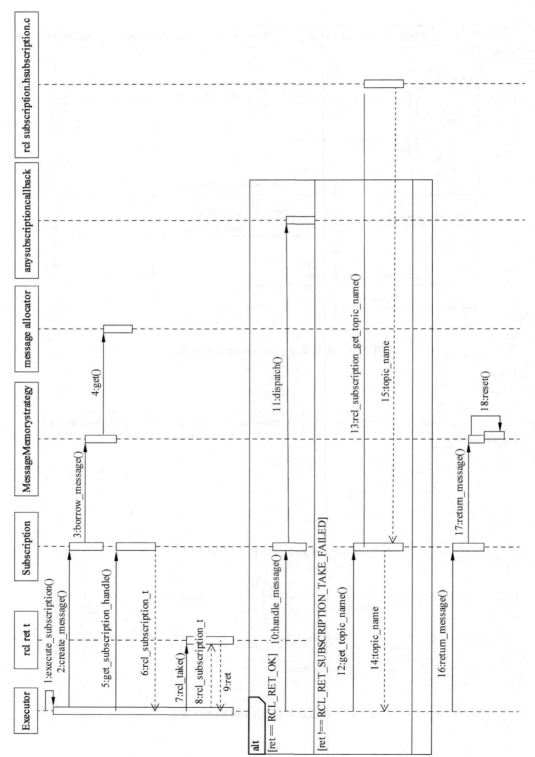

图 2-74 执行 subscription 的时序图

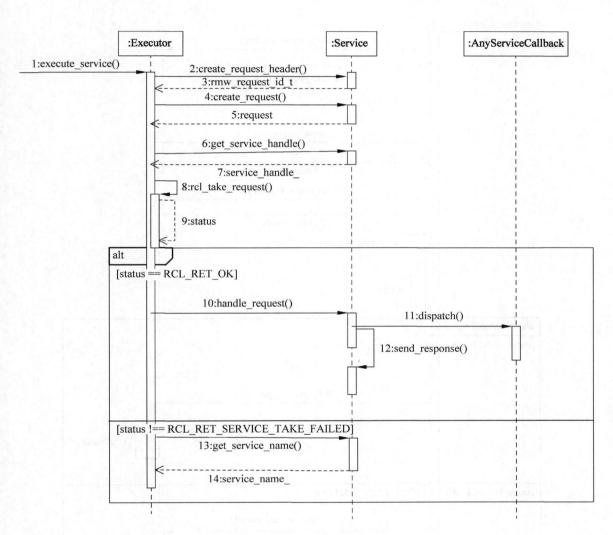

图 2-75 执行 service 的时序图

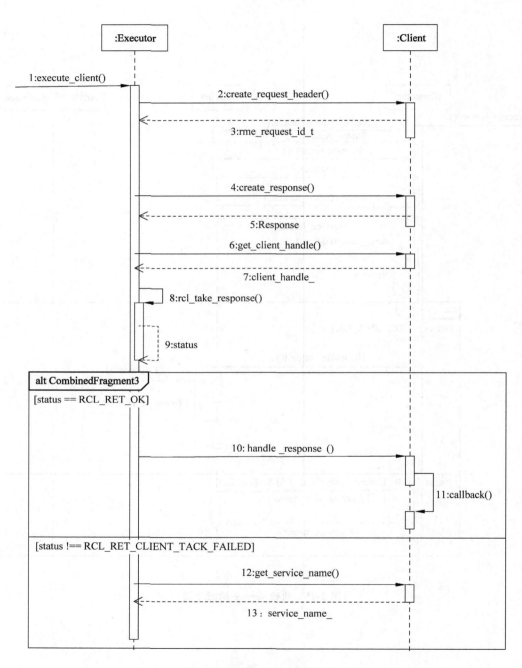

图 2-76 执行 client 的时序图

第 3 章 第三方工具库

ROS2 是开源的,是介于操作系统和应用软件之间的次级操作系统,它提供类似操作系统所提供的功能,包含硬件抽象描述、底层驱动程序管理、共用功能的执行、程序间消息传递、程序发行包管理;ROS2 也提供对一些第三方工具程序和库的支持。与 ROS 同样,ROS2 的首要设计目标是在机器人研发领域提高代码复用率。本章将介绍 ROS2 计划支持的第三方库,包括 orocos_kinematics_dynamics、POCO、urdfdom、vision_opencv、PCL、MoveIt 等,这些库也是 ROS 常用的工具库。

3.1 orocos_kinematics_dynamics 库

orocos_kinematics_dynamics 依赖于由 OROCOS 项目分发的运动学和动力学库 (KDL)。它是一种依赖 C++ 和 pykdl 的元语言包,其中 pykdl 包含生成的 Python 绑定。KDL 具有广泛支持几何图元的特点,如支持点、框架。KDL 支持动力学参数(如惯性),支持运动学和动力学求解器、瞬时运动、运动轨迹。KDL 具有实时安全操作功能,可保证在确定的时间内完成任务。除此之外,KDL 还支持 Python 包,支持 OROCOS/RTT 的 Typekits 和 transport-kits,可集成到 ROS。orocos_kinematics_dynamics 目前处于维护状态,遵守 LGPL 的许可证可以从 Git 下载。

1. orocos_kinematics_dynamics 编译环境

1) 软件需求:Eigen2、Sip 4.7.9、Python、Cmake 2.6
2) 支持平台:Linux、Windows、Mac
3) 安装过程

(1) 使用 ament 在 ROS 构建源代码。

首先安装 ament,创建目录,执行如下命令:

```
mkdir -p ~/ros2_ws/src
cd ~/ros2_ws
```

(2) 下载代码。

需要用到版本控制工具——vcs,可以参考 https://github.com/dirk-thomas/vcstool 进行安装,执行如下命令:

```
sudo sh -c 'echo "deb http://packages.ros.org/ros/ubuntu $(lsb_release -sc) main" > /etc/apt/sources.list.d/ros-latest.list'
```

```
sudo apt-key adv --keyserver hkp://pool.sks-keyservers.net --recv-key 0xB01FA116
sudo apt-get update
sudo apt-get install python-vcstool
```

（3）安装依赖包，执行如下命令：

```
sudo apt-get update
sudo apt-get install git wget
sudo apt-get install build-essential cppcheck cmake libopencv-dev libpoco-dev libpocofoundation9v5 libpocofoundation9v5-dbg python-empy python3-dev python3-empy python3-nose python3-pip python3-setuptools python3-vcstool
sudo apt-get install clang-format pydocstyle pyflakes python3-coverage python3-mock python3-pep8 uncrustify
sudo apt-get install libboost-chrono-dev libboost-date-time-dev libboost-program-options-dev libboost-regex-dev libboost-system-dev libboost-thread-dev
sudo apt-get install libboost-all-dev libpcre3-dev zlib1g-dev  python-empy python-pkg-resources
mkdir -p ~/ros2_ws/src
cd ~/ros2_ws
wget https://raw.githubusercontent.com/ros2/ros2/release-latest/ros2.repos
vcs import src < ros2.repos
```

（4）下载 ament 的代码，执行如下命令：

```
vcs import ~/ros2_ws/src < ros2.repos
```

（5）开始编译，执行如下命令：

```
$ src/ament/ament_tools/scripts/ament.py build --build-tests --symlink-install
```

编译完成使用下面命令测试：

```
src/ament/ament_tools/scripts/ament.py test
```

（6）设置环境变量。ament 编译完成后，所有声明的文件都放到 ros2_ws 工作目录下的 install 文件夹里生成的命令在 bin 文件夹下，如果需要在终端调用这些命令，需要设置环境变量，执行如下命令：

```
install/local_setup.bash
```

（7）编译自己的功能包。将需要编译的源代码复制到 ros2_overlay_ws 目录，执行如下命令：

```
cd ~/ros2_overlay_ws
ament build --cmake-args -DCMAKE_BUILD_TYPE=Debug
```

编译完成后也会在工作区产生一个 install 文件夹，里边的目录结构和之前编译 ament 所生成的一样，运行的方法一样，先设置环境变量，然后运行，运行的程序在 overlay 工作区。

2. 安装 orocos_kinematics_dynamics

进入 orocos_kdl 目录，执行命令：mkdir < kdl-dir >/build；cd < kdl-dir >/build。启动 ccmake，编译并安装，执行命令：make；make check；make install。

3.2　POCO 库

便携式组件（Portable Components，POCO）库是一个 C++库集合，在概念上类似于 Java 类库或微软的.NET 框架。便携式组件主要解决经常遇到的实际问题。便携式组件库 100%兼容 ANSI/ISO C++标准，基于并且完善了 C++标准库/STL，高度可移植，可在嵌入式、服务器等不同的平台上使用。

POCO（Version POCO C++ Libraries 1.9.0-all）完全兼容 C++标准库，并且填补 C++标准库的许多空白功能。POCO 构建以网络为中心的、跨平台的 C++软件开发，其模块化、高效的设计，使 POCO C++库能极大的提高开发效率。POCO 由 4 个核心库和多个附加库组成。核心库包括基础库、XML、UTL 和 NET 库。两个附加库是 NetSSL 和 Data，NetSSL 为网络库中的网络类提供 SSL 支持，而 Data 库则是一个统一访问不同 SQL 数据库的库。POCO 的目的是构建以网络为中心的、跨平台的 C++软件开发，使构建应用程序的过程变得简单、有趣。

1. 基础库

基础库（The Foundation Library）是 POCO 的核心。它包含平台抽象层，以及常用的实用工具类和函数。基础库包含基本类型、常用工具函数、错误处理及调试的实用工具，提供了许多用于内存管理的类，包括基于引用计数的智能指针，用于缓冲区管理和内存池的类。POCO 包含许多字符串处理功能，其中包括修剪字符串、执行不区分大小写的比较和实例转换。POCO 支持 Unicode 文本也可以以不同的字符编码（包括 UTF-8 和 UTF-16）。支持格式化和解析数字。还提供了基于 PCRE 库（http://www.pcre.org）的正则表达式。POCO 还提供处理各种日期和时间的类、访问文件的类，如 Poco::File、Poco::Path、Poco::DirectoryIterator。

在许多应用中，应用程序内部需要互相通知状态的变化，即内部通信。POCO 提供 Poco::NotificationCenter、Poco::NotificationQueue 和事件使得应用程序内部互相通知状态变化变得非常容易。下面的示例演示如何使用 POCO 事件完成应用程序内部通信。在这个例子中，产生事件源的类有一个 public 的 theEvent 事件，它具有 int 类型的参数。订阅方可以通过调用"操作符+="来订阅，并通过调用"操作符-="取消订阅，取消订阅过程传递指向对象的指针和指向成员函数的指针。事件可以通过调用 operator()来触发，这种调用方式与 Source::fireEvent()中所做的相似。POCO 中 Poco::BinaryReader 和 PoCO::BinaryWriter 将二进制数据写入流，自动透明地处理字节顺序问题。

```
# include "Poco/BasicEvent.h"
# include "Poco/Delegate.h"
# include <iostream>
using Poco::BasicEvent;
using Poco::Delegate;
class Source
{
public:
```

```cpp
        BasicEvent < int > theEvent;

        void fireEvent(int n)
        {
            theEvent(this, n);
        }
    };
    class Target
    {
    public:
        void onEvent(const void * pSender, int& arg)
        {
            std::cout << "onEvent: " << arg << std::endl;
        }
    };
    int main(int argc, char * * argv)
    {
        Source source;
        Target target;
        source.theEvent += Delegate < Target, int >(
            &target, &Target::onEvent);
        source.fireEvent(42);
        source.theEvent -= Delegate < Target, int >(
            &target, &Target::onEvent);
        return 0;
    }
```

针对在复杂的多线程应用程序中发现错误非常困难的情况，POCO 提供了详细的日志信息。POCO 的日志框架很强大且可扩展，它支持对不同通道的过滤、路由和日志消息的格式化。日志消息可以写入控制台、文件、Windows 事件日志、UNIX 系统日志守护进程或网络。如果现有 POCO 提供的信道不足够，则很容易用新类扩展日志框架。为了在运行时加载和卸载共享库，POCO 提供基础 POCO::SysDeLab 类库类，它是 POCO::class 加载器类模板支撑框架，允许动态加载和卸载的 C++ 类。

POCO 包含多层次的多线程抽象。包括线程类和通常的同步原语（POCO::Mutex、POCO::ScopedLock，POCO::事件，POCO::信号量，POCO::RWLOK）。支持 POCO::线程池类和对线程的本地存储，支持高级抽象对象。活动对象在自己的线程中执行方法，这使得异步成员函数调用成为可能。下面的示例演示了如何在 POCO 中实现异步成员函数调用。ActiveAdder 类定义了一个 add( )，其具体功能由 addImpl( ) 实现，在主函数中调用 add( )，其返回为 Poco::ActiveResult。

```cpp
    #include "Poco/ActiveMethod.h"
    #include "Poco/ActiveResult.h"
    #include < utility >
    #include < iostream >
    using Poco::ActiveMethod;
    using Poco::ActiveResult;
    class ActiveAdder
    {
```

```cpp
public:
    ActiveAdder(): add(this, &ActiveAdder::addImpl)
    {
    }
    ActiveMethod< int, std::pair< int, int >, ActiveAdder > add;
private:
    int addImpl(const std::pair< int, int >& args)
    {
        return args.first + args.second;
    }
};
int main(int argc, char** argv)
{
    ActiveAdder adder;
    ActiveResult< int > sum = adder.add(std::make_pair(1, 2));
    // do other things
    sum.wait();
    std::cout << sum.data() << std::endl;
    return 0;
}
```

2. XML 库

POCO 的 XML 库为 XML 的读取、处理和编写提供支持。XML 库基于开源 XML 解析器库 Expat(http://www.LibExab.org)。XML 库使用 STD::String 处理字符串,其中字符采用 UTF-8 编码。这使得 XML 库与应用程序的其他部分变得容易通信。POCO 的 XML 库支持行业标准 SAX(版本 2)和 DOM 接口。SAX 是 XML 的简单 API(http://www.xxPosij.org),定义了一个基于事件的接口读取 XML。SAX 接口构建在 ExpAt 之上,DOM 实现构建在 SAX 接口之上。基于 SAX 的 XML 解析器读取 XML 文档,并在遇到元素、字符数据时通知应用程序。SAX 解析器不需要将完整的 XML 文档加载到内存中,因此可以有效地解析大型 XML 文件。相比之下,DOM(文档对象模型,http://www.W3.OR/DOM/)使用树形对象层次结构为应用程序遍历 XML 文档。POCO 提供的 DOM 解析器必须将整个文档加载到内存中。为了减少 DOM 文档的内存占用,POCO DOM 实现使用字符串池,只存储元素和属性名称等频繁出现的字符串。

3. Util 库

Util 库包含一个用于创建命令行和服务器应用程序的框架,包含处理命令行参数(验证、绑定、配置属性等)和管理配置信息。支持不同的配置文件格式,包括 Windows 风格的 ini 文件和注册表,Java 风格的属性文件、XML 文件。对于服务器应用程序,该框架为 Windows 服务和 UNIX 守护进程提供透明支持。

4. 网络库

POCO 的网络库(Net library)使得编写基于网络的应用程序变得容易。网络库的最底层包含套接字类、支持 TCP 流和服务器套接字、UDP 套接字、多播套接字、ICMP、原始套接字。如果应用程序需要安全套接字,可以调用 NETSSL 库,NETSSL 库使用 OpenSSL 实现。HTTP 服务器实现基于多线程 POCO::NET::TCPServer 类及其支持框架。在客户端,网络库提供用于与 HTTP 服务器交互的类,用 FTP 协议发送和接收文件,使用 SMTP

发送邮件消息,用 POP3 服务器接收邮件。

5. 基于 POCO 库实现简单 HTTP 服务器

下面的示例演示使用 POCO 库实现简单 HTTP 服务器。服务器返回显示当前日期和时间的 HTML 文档。HTTP 服务器框架定义 TimeRequestHandler 用于处理服务请求,返回包含当前日期和时间的 HTML 文档。对于每个请求,日志框架记录请求的内容。服务器框架采用了工厂设计模式,由 TimeRequestHandlerFactory 产生 TimeRequestHandler 作为工厂的一个实例。通过覆盖 defineOptions(),HTTPTimeServer 定义了命令行参数。HTTPTimeServer 可以读取默认配置文件并且可以在 HTTP 服务器启动前获取 main()中的配置属性。

```cpp
#include "Poco/Net/HTTPServer.h"
#include "Poco/Net/HTTPRequestHandler.h"
#include "Poco/Net/HTTPRequestHandlerFactory.h"
#include "Poco/Net/HTTPServerParams.h"
#include "Poco/Net/HTTPServerRequest.h"
#include "Poco/Net/HTTPServerResponse.h"
#include "Poco/Net/HTTPServerParams.h"
#include "Poco/Net/ServerSocket.h"
#include "Poco/Timestamp.h"
#include "Poco/DateTimeFormatter.h"
#include "Poco/DateTimeFormat.h"
#include "Poco/Exception.h"
#include "Poco/ThreadPool.h"
#include "Poco/Util/ServerApplication.h"
#include "Poco/Util/Option.h"
#include "Poco/Util/OptionSet.h"
#include "Poco/Util/HelpFormatter.h"
#include <iostream>
using Poco::Net::ServerSocket;
using Poco::Net::HTTPRequestHandler;
using Poco::Net::HTTPRequestHandlerFactory;
using Poco::Net::HTTPServer;
using Poco::Net::HTTPServerRequest;
using Poco::Net::HTTPServerResponse;
using Poco::Net::HTTPServerParams;
using Poco::Timestamp;
using Poco::DateTimeFormatter;
using Poco::DateTimeFormat;
using Poco::ThreadPool;
using Poco::Util::ServerApplication;
using Poco::Util::Application;
using Poco::Util::Option;
using Poco::Util::OptionSet;
using Poco::Util::OptionCallback;
using Poco::Util::HelpFormatter;
class TimeRequestHandler: public HTTPRequestHandler
{
public:
```

```cpp
    TimeRequestHandler(const std::string& format): _format(format)
    {
    }
    void handleRequest(HTTPServerRequest& request,
                       HTTPServerResponse& response)
    {
        Application& app = Application::instance();
        app.logger().information("Request from "
            + request.clientAddress().toString());
        Timestamp now;
        std::string dt(DateTimeFormatter::format(now, _format));

        response.setChunkedTransferEncoding(true);
        response.setContentType("text/html");
        std::ostream& ostr = response.send();
        ostr << "<html><head><title>HTTPTimeServer powered by "
                "POCO C++ Libraries</title>";
        ostr << "<meta http-equiv=\"refresh\" content=\"1\"></head>";
        ostr << "<body><p style=\"text-align: center; "
                "font-size: 48px;\">";
        ostr << dt;
        ostr << "</p></body></html>";
    }
private:
    std::string _format;
};
class TimeRequestHandlerFactory: public HTTPRequestHandlerFactory
{
public:
    TimeRequestHandlerFactory(const std::string& format):
        _format(format)
    {
    }
    HTTPRequestHandler * createRequestHandler(
        const HTTPServerRequest& request)
    {
        if (request.getURI() == "/")
            return new TimeRequestHandler(_format);
        else
            return 0;
    }
private:
    std::string _format;
};

class HTTPTimeServer: public Poco::Util::ServerApplication
{
public:
    HTTPTimeServer(): _helpRequested(false)
    {
    }
```

```cpp
    ~HTTPTimeServer()
    {
    }
protected:
    void initialize(Application& self)
    {
        loadConfiguration();
        ServerApplication::initialize(self);
    }
    void uninitialize()
    {
        ServerApplication::uninitialize();
    }
    void defineOptions(OptionSet& options)
    {
        ServerApplication::defineOptions(options);
        options.addOption(
        Option("help", "h", "display argument help information")
            .required(false)
            .repeatable(false)
            .callback(OptionCallback<HTTPTimeServer>(
                this, &HTTPTimeServer::handleHelp)));
    }
    void handleHelp(const std::string& name,
                    const std::string& value)
    {
        HelpFormatter helpFormatter(options());
        helpFormatter.setCommand(commandName());
        helpFormatter.setUsage("OPTIONS");
        helpFormatter.setHeader(
            "A web server that serves the current date and time.");
        helpFormatter.format(std::cout);
        stopOptionsProcessing();
        _helpRequested = true;
    }
    int main(const std::vector<std::string>& args)
    {
        if (!_helpRequested)
        {
            unsigned short port = (unsigned short)
                config().getInt("HTTPTimeServer.port", 9980);
            std::string format(
                config().getString("HTTPTimeServer.format",
                                    DateTimeFormat::SORTABLE_FORMAT));
            ServerSocket svs(port);
            HTTPServer srv(new TimeRequestHandlerFactory(format),
                svs, new HTTPServerParams);
            srv.start();
            waitForTerminationRequest();
            srv.stop();
        }
```

```
        return Application::EXIT_OK;
    }
private:
    bool _helpRequested;
};
int main(int argc, char * * argv)
{
    HTTPTimeServer app;
    return app.run(argc, argv);
}
```

3.3 URDF

URDF 使用 XML 在 ROS 中描述机器人模型。ROS 中的 URDF 功能包包含一个 URDF 的 C++解析器。URDF 支持 BSD 许可证。

3.3.1 URDF 语法规范

URDF 使用 XML 在 ROS 中描述机器人模型，URDF 使用的主要 XML 元素包括 link、transmission、joint、gazebo、sensor、model_state、model 等。其语法规范如下：

1. link

link 元素描述了连杆的运动和动力特性。link 示意图如图 3-1 所示。

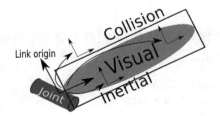

图 3-1 link 示意图

link 示例如下所示。

```
< link name = "my_link">
    < inertial >
      < origin xyz = "0 0 0.5" rpy = "0 0 0"/>
      < mass value = "1"/>
      < inertia ixx = "100"  ixy = "0"  ixz = "0" iyy = "100" iyz = "0" izz = "100" />
    </inertial>
    < visual >
      < origin xyz = "0 0 0" rpy = "0 0 0" />
      < geometry >
        < box size = "1 1 1" />
      </geometry>
      < material name = "Cyan">
```

```xml
        <color rgba = "0 1.0 1.0 1.0"/>
      </material>
    </visual>
    <collision>
      <origin xyz = "0 0 0" rpy = "0 0 0"/>
      <geometry>
        <cylinder radius = "1" length = "0.5"/>
      </geometry>
    </collision>
  </link>
```

2. transmission

transmission 是用于描述制动器和关节之间关系的 URDF 扩展。transmission 支持齿轮比和平行连杆的概念。transmission 变换工作/流量，使得它们的功率保持不变。多个致动器可以通过复杂传输连接到多个关节。

transmission 元素示例如下所示。

```xml
<transmission name = "simple_trans">
  <type>transmission_interface/SimpleTransmission</type>
  <joint name = "foo_joint">
    <hardwareInterface>EffortJointInterface</hardwareInterface>
  </joint>
  <actuator name = "foo_motor">
    <mechanicalReduction>50</mechanicalReduction>
    <hardwareInterface>EffortJointInterface</hardwareInterface>
  </actuator>
</transmission>
```

3. joint

joint 描述关节的运动学和动力学特性，并且还指定关节的安全极限。

joint 元素的示例如下所示。

```xml
<joint name = "my_joint" type = "floating">
    <origin xyz = "0 0 1" rpy = "0 0 3.1416"/>
    <parent link = "link1"/>
    <child link = "link2"/>
    <calibration rising = "0.0"/>
    <dynamics damping = "0.0" friction = "0.0"/>
    <limit effort = "30" velocity = "1.0" lower = "-2.2" upper = "0.7" />
    <safety_controller k_velocity = "10" k_position = "15" soft_lower_limit = "-2.0" soft_upper_limit = "0.5" />
  </joint>
```

4. gazebo

gazebo 元素描述模拟特性，如阻尼、摩擦等。

5. sensor

sensor 元素可描述传感器的基本特性，如描述视觉传感器（照相机/光线传感器）的基本特性。

sensor 元素描述照相机的示例如下所示。

```
< sensor name = "my_camera_sensor" update_rate = "20">
    < parent link = "optical_frame_link_name"/>
    < origin xyz = "0 0 0" rpy = "0 0 0"/>
    < camera >
        < image width = "640" height = "480" hfov = "1.5708" format = "RGB8" near = "0.01" far = "50.0"/>
    </camera>
</sensor>
```

sensor 元素描述激光扫描传感器元件的示例如下所示。

```
< sensor name = "my_ray_sensor" update_rate = "20">
    < parent link = "optical_frame_link_name"/>
    < origin xyz = "0 0 0" rpy = "0 0 0"/>
    < ray >
        < horizontal samples = "100" resolution = "1" min_angle = " - 1.5708" max_angle = "1.5708"/>
        < vertical samples = "1" resolution = "1" min_angle = "0" max_angle = "0"/>
    </ray>
</sensor>
```

6. model_state

model_state 元素描述模型在某一时刻的状态,描述了相应的 URDF 模型的基本状态。model_state 元素描述模型状态的示例如下所示。

```
< model_state model = "pr2" time_stamp = "0.1">
    < joint_state joint = "r_shoulder_pan_joint" position = "0" velocity = "0" effort = "0"/>
    < joint_state joint = "r_shoulder_lift_joint" position = "0" velocity = "0" effort = "0"/>
</model_state>
```

7. model

model 元素描述了机器人结构的运动学和动力学特性。

3.3.2 URDF 创建机器人模型

URDF 由一些不同的功能包和组件组成,本节将用 URDF 创建一个树形机器人模型。

1. 基础模型

用 URDF 创建一个树形机器人模型,由 URDF 模型定义机器人的 4 个连杆(link),然后定义 3 个关节(joint)描述连杆之间的关联。用 URDF 创建如图 3-2 所示的树形机器人模型,对应的 URDF 表示如下:

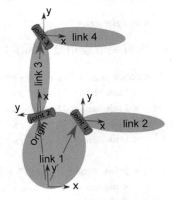

图 3-2 树形机器人模型

```
< robot name = "test_robot">
    < link name = "link1" />
    < link name = "link2" />
    < link name = "link3" />
    < link name = "link4" />

    < joint name = "joint1" type = "continuous">
```

```xml
    <parent link="link1"/>
    <child link="link2"/>
  </joint>

  <joint name="joint2" type="continuous">
    <parent link="link1"/>
    <child link="link3"/>
  </joint>

  <joint name="joint3" type="continuous">
    <parent link="link3"/>
    <child link="link4"/>
  </joint>
</robot>
```

ROS 为用户提供了一个检查 URDF 语法的工具，可以使用如下命令安装：

```
$ sudo apt-get install liburdfdom-tools
```

安装完毕后，生成 my_robot.urdf，执行检查：

```
check_urdf my_robot.urdf
```

如果一切正常，将会有如下显示：

```
robot name is: test_robot
---------- Successfully Parsed XML ---------------
root link: link1 has 2 child(ren)
    child(1):  link2
    child(2):  link3
        child(1):  link4
```

2. 添加机器人尺寸

在基础模型之上为机器人添加尺寸大小。由于每个环节的参考系都位于该环节的底部，所以在表示尺寸大小时，只需要描述其相对于连接关节的相对位置关系即可。URDF 中的 <origin> 域就是用来表示这种相对关系。例如，joint2 相对于连接的 link1 在 x 轴和 y 轴都有相对位移，而且在 x 轴上还有 90°的旋转变换，所以 <origin> 域的参数就如下所示：

```xml
<origin xyz="-2 5 0" rpy="0 0 1.57"/>
```

所有关节应用尺寸如下所示：

```xml
<robot name="test_robot">
  <link name="link1"/>
  <link name="link2"/>
  <link name="link3"/>
  <link name="link4"/>

  <joint name="joint1" type="continuous">
    <parent link="link1"/>
    <child link="link2"/>
    <origin xyz="5 3 0" rpy="0 0 0"/>
```

```
</joint>

<joint name = "joint2" type = "continuous">
  <parent link = "link1"/>
  <child link = "link3"/>
  <origin xyz = "-2 5 0" rpy = "0 0 1.57"/>
</joint>

<joint name = "joint3" type = "continuous">
  <parent link = "link3"/>
  <child link = "link4"/>
  <origin xyz = "5 0 0" rpy = "0 0 -1.57"/>
</joint>
</robot>
```

再次使用 check_urdf 检查通过后继续下一步。

3. 添加运动学参数

如果为机器人的关节添加旋转轴参数,那么该机器人模型就可以具备基本的运动学参数。例如,joint2 围绕正 y 轴旋转,可以表示成:

```
<axis xyz = "0 1 0"/>
```

同理,joint1 的旋转轴如下所示:

```
<axis xyz = "-0.707 0.707 0"/>
```

应用到 URDF 中表示如下:

```
<robot name = "test_robot">
  <link name = "link1"/>
  <link name = "link2"/>
  <link name = "link3"/>
  <link name = "link4"/>

  <joint name = "joint1" type = "continuous">
    <parent link = "link1"/>
    <child link = "link2"/>
    <origin xyz = "5 3 0" rpy = "0 0 0"/>
    <axis xyz = "-0.9 0.15 0"/>
  </joint>

  <joint name = "joint2" type = "continuous">
    <parent link = "link1"/>
    <child link = "link3"/>
    <origin xyz = "-2 5 0" rpy = "0 0 1.57"/>
    <axis xyz = "-0.707 0.707 0"/>
  </joint>

  <joint name = "joint3" type = "continuous">
    <parent link = "link3"/>
    <child link = "link4"/>
    <origin xyz = "5 0 0" rpy = "0 0 -1.57"/>
    <axis xyz = "0.707 -0.707 0"/>
```

```
</joint>
</robot>
```

3.4 PCL 库

PCL(Point Cloud Library)是大型跨平台的开源点云 C++ 编程库,它实现了大量点云相关的通用算法和高效数据结构,其功能包括点云获取、滤波、分割、配准、检索、特征提取、识别、追踪、曲面重建、可视化等。支持多种操作系统平台,可在 Windows、Linux、Android、MacOS X、部分嵌入式实时系统上运行。PCL 在 3D 信息获取与处理上具有非常重要的地位,PCL 采用 BSD 授权方式,可以免费进行商业和学术应用。

PCL 最初来自于慕尼黑大学(Technische Universität München,TUM)和斯坦福大学(Stanford University)Radu 博士等人开发的开源项目,主要应用于机器人应用领域,随着各个算法模块的积累,于 2011 年独立出来,正式与全球 3D 信息获取、处理的同行一起,组建了强大的开发维护团队。随着加入组织的增多,PCL 官方目前的计划是继续加入当前最新的 3D 相关处理算法,支持 PrimeSensor 3D、微软 Kinect 或者华硕的 XTionPRO 等智能交互设备。最重要的是 PCL 可以移植到 Android、Ubuntu 等主流 Linux 平台上。

3.4.1 PCL 架构

对于 3D 点云处理来说,PCL 完全是一个模块化的 C++ 模板库。PCL 基于以下第三方库:Boost、Eigen、FLANN、VTK、CUDA、OpenNI、Qhull,实现点云相关的获取、滤波、分割、配准、检索、特征提取、识别、追踪、曲面重建、可视化等。PCL 架构如图 3-3 所示。

PCL 利用 OpenMP、GPU、CUDA 等先进高性能计算技术,通过并行计算提高程序实时性。PCL 中的所有模块和算法都是通过 Boost 共享指针传送数据的,因而避免了多次复制系统中已存在的数据,从 0.6 版本开始,PCL 就已经被移入到 Windows、MacOS 和 Linux 系统,并且在 Android 系统投入使用,这使得 PCL 容易移植与多方发布。

从算法的角度 PCL 纳入了多种操作点云数据的三维处理算法,其中包括过滤、特征估计、表面重建、模型拟合和分割、定位搜索等。在 PCL 中一个处理管道的基本接口程序是:

(1)创建处理对象,例如过滤、特征估计、分割等;
(2)使用 setInputCloud 通过输入点云数据处理模块;
(3)设置算法相关参数;
(4)调用计算(或过滤、分割等)得到输出。

3.4.2 PCL 数据结构

PCL 中的基本数据结构是 PointCloud。PointCloud 是一个 C++ 类,包含了如下数据域:

1. width(int)的两个含义

(1)对于无组织或者无结构的点云来说,width 是指点云中点的个数。

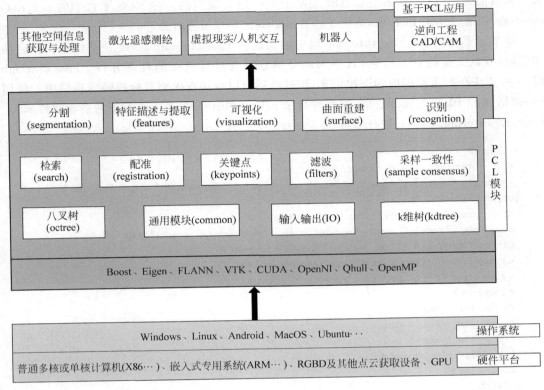

图 3-3　PCL 架构图

（2）对于有结构的点云来说，width 是指点云数据集一行上点的个数。有结构的点云可以理解成这个点云像 image（或者说是一个矩阵），数据被分为行和列，如立体相机或者 TOF 相机获得的点云数据就属于这一类。有结构点云的优势是能知道点云中点的相邻关系，最近邻操作效率非常高，可以大大提高 PCL 中相应算法的效率。

2．height（int）的两个含义

（1）对于有结构点云，height 代表点云的总行数。

（2）对于无结构的点云，height 值为 1。因此这个特性经常用来判断点云是不是一个有结构的点云。

3．points（std::vector）

该数据域 points 存储了数据类型为 PointT 的一个动态数组，例如，对于一个包含了 XYZ 数据的点云，points 是包含了元素为 pcl::PointXYZ 的一个 vector。

4．对外暴露的点云类型

一旦将 PCL 编译为一个库，任何用户代码都不需要编译模板化的代码，从而加快编译时间。常用的技巧是将模板化的实现与向前声明类和方法的标题分开，并在链接时进行解析。

3.4.3　PCL 基础

PCL 包含许多处理点云的算法，尤其适用于配备有 RGB-D 相机（Xbox、Kinect）的机器人。到目前为止,PCL 库的主要 API 是基于 C++语言编程的。在 ROS 平台下的 pcl_ros_tutorials 包通过使用 PCL 库,提供了一些 nodelets 对点云进行处理。

本节主要介绍 pcl_ros_tutorials 包中的功能件 PassThrough filter 并举例说明。启动相机后,获取大量的点云信息,其中大部分信息不会进行后续的处理分析。PassThrough filter 可关注在限定范围内的图像信息,该过滤器可以应用在人物目标跟随的项目中。使用 PassThrough filter 过滤器之前,首先对目录 pcl_ros_tutorials / launch 下的启动文件 pass_through_filtering.launch 进行分析。

```
<launch>
 <!-- Start the nodelet manager -->
 <node pkg="nodelet" type="nodelet" name="pcl_filter_manager" args="manager" output="screen" />
 <!-- Run a PassThrough filter to clean NaNs -->
 <node pkg="nodelet" type="nodelet" name="passthrough" args="load pcl/PassThrough pcl_filter_manager" output="screen">
  <remap from="~input" to="/camera/depth/points" />
  <remap from="~output" to="/passthrough/output" />
  <rosparam>
   filter_field_name: z
   filter_limit_min: 0.01
   filter_limit_max: 1.5
   filter_limit_negative: false
  </rosparam>
 </node>
</launch>
```

该启动文件首先加载 pcl_filter_manager,然后加载 PassThrough nodelet。PassThrough nodelet 启动时需配置以下参数:①filter_field_name,通常 x、y 或 z 表示应该被过滤的光轴。"过滤"指的是只有在最小和最大限定范围内的光点才会被保留。z 轴是沿着远离相机的方向,其大小代表深度 depth。②filter_limit_min,接受的最小值(以 m 为单位)。③filter_limit_max,接受的最大值(以 m 为单位)。④filter_limit_negative,如果设置为 true,那么只保留超出范围内的数据。

在示例启动文件中,分别将最小和最大限制设置为 0.01m 和 1.5m,意味着只有距离相机大约 1.5m 以内的摄像点被保留。启动文件将输入点云主题设置为/camera/depth/points,输出主题设置为/passthrough。两者均可在可视化 Rviz 中查看显示结果。为了查看显示信息,首先需要启动深度相机的驱动程序。

对于 Microsoft Kinect 而言,执行如下命令:

```
$ roslaunch freenect_launch freenect-registered-xyzrgb.launch
```

对于 Asus Xtion、Xtion Pro,或者 Primesense 1.08/1.09 相机的启动命令如下:

```
$ roslaunch openni2_launch openni2.launch
```

打开另一个终端,启动 PassThrough filter 的命令如下:

```
$ roslaunch pcl_ros_tutorials passthrough_filtering.launch
```

接下来，执行"$ rosrun rviz rviz"启动 Rviz 可视化界面，在 Rviz 弹出显示界面后，在界面左下方单击"Add"按钮后弹出"PointCloud2"的选择界面，如图 3-4 所示。选择"PointCloud2"。

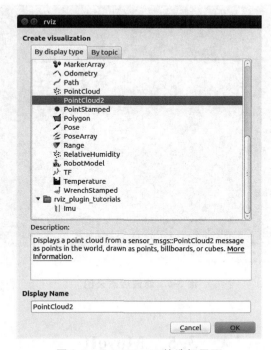

图 3-4　PointCloud2 的选择界面

首先在 Rviz 中，PointCloud2 将接收的 topic 设定为/camera/depth/points，此时可以在主显示界面上看到颜色编码的点云，如图 3-5 所示。使用鼠标旋转并从不同的视角观察点云，也可以通过鼠标滚轮放大和缩小点云。

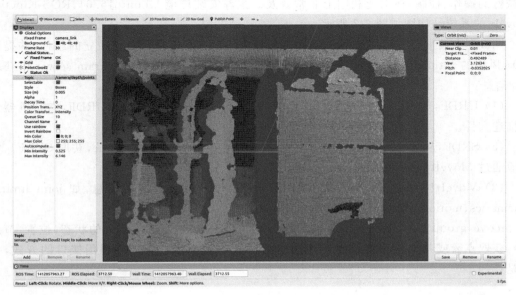

图 3-5　原始点云图

为了查看 PassThrough filter 呈现的效果，切换 Rviz 接收的主题为/passthrough/output，显示效果如图 3-6 所示。

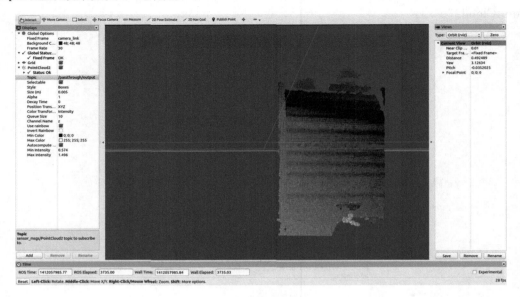

图 3-6　滤波后点云图

3.5　MoveIt

MoveIt 结合了运动规划、操纵、三维感知、运动学、控制和导航的最新进展。MoveIt 软件包提供全面的利用机械臂的方法，方便在此基础做出更多的二次开发。MoveIt 简化了对机械臂的操作、控制，在工业利用上非常普及。推荐安装环境 Ubuntu16.04、ROS Kinetic。MoveIt 的系统结构图如图 3-7 所示。

图 3-7 中最重要的就是 move_group 节点，充当整合器：整合多个独立的组件，并提供 ROS 风格的 action 和 service。move_group 是 ROS 节点，它在 ROS param server 中获取 3 种信息：

(1) URDF，从 ROS param server 中查找 robot_description，获取 URDF，它是机器人的描述文件。

(2) SRDF，从 ROS param server 中查找 robot_description_semantic，获取 SRDF。它一般通过 MoveIt! Setup Assistant 生成。

(3) MoveIt! configuration，从 ROS param server 中获取更多信息，如 joint limits、kinematics、motion planning、perception 等。

move_group 通过 ROS topics 和 actions 与机器人通信，获取机器人的状态（位置、节点等），获取点云或其他传感器数据再传递给机器人的控制器。有 3 种调用接口的方式，分别是：

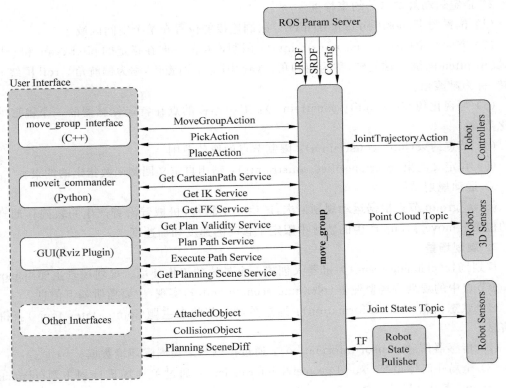

图 3-7　MoveIt 系统结构图

(1) 利用 move_group_interface 包可以方便地使用 move_group。
(2) 利用 moveit_commander 包。
(3) 利用 Motion Planning 的 Rviz 插件。
用 MoveIt 控制机器人大概分以下几步：
(1) 建立机器人 URDF 模型；
(2) 建立机器人 ros 驱动；
(3) 生成 MoveIt 配置文件；
(4) 标定相机；
(5) 修改 MoveIt 配置文件和 launch 文件。
在进行仿真操作过程中，不需要(2)、(4)、(5)三个步骤。

1. 运动规划

运动规划(motion planning)用来寻找从起始状态到目标状态的移动步骤。运动规划常常需要在运动受到约束的条件下找到最优解。ROS 支持运动规划插件(the motion planning plugin)通过插件接口方式与 MoveIt 一起工作，方便 MoveIt 扩展。

1) 运动规划请求

运动规划请求标记了移动的目标状态。例如，将一只手臂移动到一个不同的位置或将末端执行器移动到一个新的姿势。在移动前，MoveIt 进行碰撞检查。

2) 指定运动规划器的约束检查

(1) 位置约束(position constraints)：限制连接的位置在某个空间区域。

(2) 方向约束(orientation constraints)：限制连接的方向在指定的 pitch、yaw 和 roll 范围，其中 pitch 围绕 x 轴旋转，称为俯仰角。yaw 围绕 y 轴旋转，称为偏航角。roll 围绕 z 轴旋转，称为翻滚角。

(3) 可视化约束(visibility constraints)：限制连接的点在特定传感器的一个锥形的可视化范围。

(4) 节点约束(joint constraints)：限制节点的取值范围。

(5) 自定义约束(user-specified constraints)：利用自定义回调函数指定的约束。

3) 运动规划结果

move_group 节点根据运动规划请求，产生一个轨迹，机械臂沿着产生的轨迹移动到设置的位置。move_group 产生的轨迹中限定了移动的速度和加速度。

2. 规划场景

规划场景(planning scene)为机器人创建一个具体的工作环境。规划场景主要由 move_group 节点中的规划现场监测器(planning scene monitor)实现，主要监听如下信息：

(1) 状态信息(state information)：通过关注关节状态主题(joint_states topic)获得状态信息。

(2) 传感器信息(sensor information)：通过传感器采集周围环境数据。

(3) 全局几何体信息(world geometry information)：通过关注场景计划主题(planning_scene topic)获得全局几何体信息。

3. 运动学

运动学(kinematics)是控制机械臂运动的关键。为了控制机械臂移动到指定的位置，需要通过运动学的逆运动学算法 IK(inverse kinematics)把终端位姿变成关节角度。逆运动学把终端位姿变成关节角度可用 $q=IK(p)$ 表示，其中 p 是终端位姿，q 是关节角度。MoveIt 默认采用 numerical jacobian-base 算法，MoveIt 支持插件，用户可以灵活地选择需要的逆运动学算法。

4. 碰撞检测

MoveIt 使用全局碰撞对象(collisionworld)、柔性碰撞库 FCL(flexible collision library)进行碰撞检测。碰撞检测是运动规划中最耗时的运算，往往会占用 90% 左右的时间，为了减少计算量，MoveIt 通过设置许可碰撞矩阵 ACM(allowed collision matrix)进行优化，在 ACM 中如果两个 body 之间的 ACM 设置为 1，则意味着这两个 body 永远不会发生碰撞，不需要进行碰撞检测。

5. OMPL

开放运动规划库 OMPL(open motion planning library)是一个开源的运动规划库。MoveIt 整合了 OMPL，MoveIt 使用 OMPL 库里的运动规划器作为主要/默认的规划器。Move_group 节点内的规划场景监视器维护 OMPL 的如下信息：

(1) 状态信息：通过关注 joint_states 主题和传感器的信息获得状态信息。

(2) 全局几何体信息：通过全局几何图形监视器(world geometry monitor)监听来自传感器的信息和来自用户输入的信息，在此基础上使用占据地图监视器(occupancy map

monitor)建立围绕机器人的 3D 感知环境,可通过 planning_scene 主题中附带的参数来增加对象的信息。

(3) 3D 感知(3D perception):在 MoveIt 中由占用地图监视器处理 3D 感知。MoveIt 可以处理两种输入:点云、景深图像。

(4) 深度图像占用地图更新器(depth image occupancy map updater):可以在深度图消除机器人的可见部分。

第 4 章 SLAM和导航

随着人工智能和模式识别等技术的快速发展,智能机器人已经深入工业自动化和人类生活中的各个方面。它的出现是为了适应制造业规模化生产,解决单调、重复的体力劳动和提高生产质量而代替人工进行作业。为了进一步提高生产效率和方便人们的生活,对于移动机器人的自主性和适应环境的能力也提出了更高的要求。我国对移动机器人的研究虽然起步较晚,但是越来越受到重视,早在"七五"期间就开始了工业机器人和水下机器人攻关计划,并取得了一定的成绩。国内很多科研机构与院校也在开展对自主移动机器人的深入研究与开发,各大院校和科研机构在智能机器人研究的不同领域取得了令人瞩目的成果,对许多问题的认识和求解都取得了长足的进步,但是仍然有许多问题需要解决。由于移动机器人系统运动模型难以精确建模,再加上其传感器感知误差存在高度不确定性和外界干扰因素等,从而造成了机器人系统的高度复杂性和不确定性。

在对移动机器人自主性的研究进程中,学者 Durrant-Whyte 曾将自主移动机器人的研究概括为三个基本问题:"Where am I?"(机器人定位问题)、"Where is my map?"(机器人获取周围环境信息问题)、"Where am I going and how do I get there?"(机器人路径规划问题),这三个基本问题与移动机器人自定位与地图构建和路径规划两个关键技术研究方向相对应。作为高智能的体现,具备感知、处理、决策、执行的全自主机器人能像人一样具有自主移动、判断和行为的能力。而对于全自主机器人,对于自身所处环境的感知、识别和自定位是进行自主行为的重要前提。尤其是对于室内不能使用 GPS 等外部直接定位方式进行自主位姿判断的情况下,当机器人处于未知环境中,对自身位姿未知时,如何进行自定位和环境识别是一个关键问题,即 SLAM(Simultaneous Localization and Mapping,同步定位与地图构建)研究的内容。

4.1 SLAM 导航简介

SLAM 最早由 Hugh Durrant-Whyte 和 John J. Leonard 提出。SLAM 主要用于解决移动机器人在未知环境中运行时定位导航与地图构建的问题。SLAM 既可以用于 2D 运动领域,也可以应用于 3D 运动领域。本节主要介绍在 2D 领域内的 SLAM,包括如下几个部分:特征提取、数据关联、状态估计、状态更新以及特征更新等。对于其中每个部分,均存在多种方法,本书将详细介绍其中一种方法。SLAM 导航受实际使用环境影响非常大,所以需要根据不同环境选择合适的方法。下面以室内环境中运行的移动机器人为例说明基于

SLAM 导航的过程。

1. 机器人定位与地图构建关键技术

1) SLAM 问题模型

SLAM 在不具备周围环境先验信息的前提下,让移动机器人在运动过程中根据自身携带的传感器和对周围环境的感知进行自身定位,同时增量式构建环境地图。

SLAM 问题可以描述为在未知、部分已知或者变化的环境中,未知位姿的移动机器人进行自定位并同时更新连续一致的环境地图。$s_t(t=1,2,\cdots)$ 为机器人在不同时刻 t 的位姿,当指定机器人的初始化位姿 s_0 以后,机器人可以利用环境特征 λ_t 的观测值 z_t 进行局部地图的构建,在完全未知的环境中,可以将建立的局部地图作为初始的全局地图。机器人在位姿改变的过程中,利用内部的传感器信息进行位姿状态更新,并利用观测信息对状态进行校正,这个过程称为机器人的自定位。基于准确的定位,将构建的局部地图用于全局地图的更新。

2) SLAM 的研究方法

SLAM 目前研究的方法主要分为概率估计法和非概率法,而概率估计法是目前研究 SLAM 的主流和趋势。机器人基于内部传感器信息的预测方程可以用概率密度方程表示为 $p(s_t|s_{t-1},u_t)=F(s_{t-1},u_t)+V_t$,式中:$s_t$ 和 s_{t-1} 分别表示机器人当前时刻和上一时刻的位姿状态;u_t 为机器人内部传感器的输入,为对上一时刻到这一时刻机器人位姿状态变化的记录;V_t 为机器人的运动噪声,通常包含内部传感器的误差噪声。机器人的观测方程可以用概率密度方程表示为 $p(z_t|s_t,\lambda_t)=H(s_t,\lambda_t)+W_t$,式中:$\lambda_t$ 为已确定的环境特征;W_t 为观测噪声。贝叶斯滤波器(bayesian filter,BF)是概率定位方法的理论基础,BF 用传感器测量数据去估计一个动态系统的未知状态,其核心思想就是:以当前为止所收集的数据条件,递归估计状态空间后验概率密度。

对 SLAM 采用概率估计法研究可以细化为如下几个方向:

卡尔曼滤波(kalman filter,KF)是估计线性动态系统状态的递归数据处理算法。KF 不管获得数据是否准确,尽可能处理所有数据获得一个全局最优估计。

多重假设定位(multiple hypothesis localization,MHL)可解决全局定位的多峰值概率密度估计问题,它通过多个单峰高斯分布表示整个状态空间的概率分布。Sorenson 与 Alspach 证明了高斯分布之和可以近似生成任意概率分布。

为了克服 KF 中的单峰高斯分布假设,又提出了许多不同方法去表示状态的不确定性,其中马尔可夫定位(Markov localization)同 MHL 方法一样,能够表示复杂的多峰值概率分布,实现全局定位。

Arulampalam 将粒子滤波(particle filter)定义为:粒子滤波是应用粒子集表示概率的蒙特卡罗方法(Monte Carlo methods),可以用在任何状态空间模型,泛化了传统的 KF 定位方法。粒子滤波是 BF 的变体,主要思想就是用一个随机采样获得的具有权重的样本集合表示并估计后验概率密度。

2. 室内环境中运行的移动机器人

在学习 SLAM 的过程中,机器人平台是很重要的,其中,机器人平台需要可以移动并且至少包含一个测距单元。这里主要讨论室内轮式机器人,同时主要讨论 SLAM 的算法实现过程。在选择机器人平台时需要考虑的主要因素包括易用性、定位性能以及价格。定位性能主要衡量机器人仅根据自身的运动对自身位置进行估计的能力。机器人的定位精度误差应该不超过2%,转向精度误差不应该超过5%。一般而言,机器人可以在直角坐标系中根据自身的运动估计其自身的位置与转向。从零开始搭建机器人平台将会是一个耗时的过程,也是没有必要的。可以选择一些市场上成熟的机器人开发平台进行开发。这里以一个非常简单的自己开发的机器人开发平台讨论,读者可以选择自己的机器人开发平台。

目前比较常见的测距单元包括激光测距、超声波测距、图像测距。其中,激光测距是最常用的方式。通常激光测距单元比较精确、高效并且其输出不需要太多的处理。其缺点是价格一般比较昂贵(目前已经有一些价格比较便宜的激光测距单元)。激光测距单元的另一个问题是其穿过玻璃平面的问题。另外,激光测距单元不能应用于水下测量。另一个常用的测距方式是超声波测距。超声波测距以及声波测距等在过去已经得到十分广泛的应用。相对于激光测距单元,其价格比较便宜;但其测量精度较低。激光测距单元的发射角仅为0.25°,因而激光基本上可以看作直线;相对而言,超声波的发射角达到了30°,因而其测量精度较差。但在水下,由于其穿透力较强,因而是最为常用的测距方式。最常用的超声波测距单元是Polaroid超声波发生器。第三种常用的测距方式是通过视觉进行测距。传统上,通过视觉进行测距需要大量的计算,并且测量结果容易随着光线变化而发生变化。如果机器人运行在光线较暗的房间内,那么视觉测距方法基本上不能使用。但最近几年,已经找到一些解决上述问题的方法。一般而言,视觉测距使用双目视觉或者三目视觉方法进行测距。使用视觉方法进行测距,机器人可以更好地像人类一样进行思考。另外,通过视觉方法可以获得相对于激光测距和超声波测距更多的信息。但更多的信息也意味着更高的处理代价,但随着算法的进步和计算能力的提高,上述信息处理的问题正在慢慢得到解决。

SLAM最终目的是更新机器人的位置估计信息。由于通过机器人运动估计得到的机器人位置信息通常具有较大的误差,因而不能单纯地依靠机器人运动估计机器人位置信息。在使用机器人运动方程得到机器人位置估计后,可以使用测距单元得到的周围环境信息更正机器人的位置。上述更正过程一般通过提取环境特征,然后在机器人运动后重新观测特征的位置实现。SLAM的核心是扩展卡尔曼滤波器(extended Kalman filter,EKF)。EKF用于结合上述信息估计机器人准确位置。上述选取的特征一般称作地标。EKF将持续不断地对上述机器人位置和周围环境中地标位置进行估计。当机器人运动时,其位置将会发生变化。此时,根据机器人位置传感器的观测,提取得到观测信息中的特征点,然后机器人通过EKF将目前观测到特征点的位置、机器人运动距离、机器人运动前观测到特征点的位置相互结合,对机器人当前位置和当前环境信息进行估计。估计过程的示意图如图4-1所示。

图4-1中三角形表示机器人,星号表示路标;机器人首先使用测距单元测量地标相对于机器人的距离和角度。然后开始运动,并且到达一个新的位置,机器人根据其运动方程预测其现在所处的新位置。在新的位置,机器人通过测距单元重新测量各个地标相对于机器人的距离和角度,测量得到的距离和角度与上述预测结果可能并不一致,因而,上述预测值可能并不是机器人的准确位置。在机器人看来,通过传感器获得的信息相比于通过运动方程得到的信息更为准确,因而,机器人将通过传感器的数据更新对机器人位置的预测值,如图4-1中虚线三角形所示(实线为第一步中通过运动信息预测的机器人位置)。经过上述结合直轴,重新估计得到的新的机器人位置如图4-2浅色实线三角形所示,但由于测距单元精

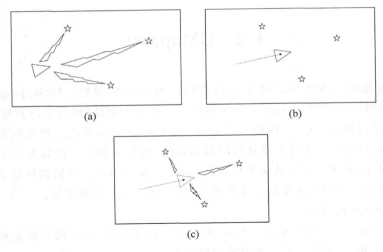

图 4-1 机器人位置估计

(a) 机器人首先使用测距单元测量地标相对于机器人的距离和角度；(b) 机器人开始运动；
(c) 机器人根据其运动方程预测其现在所处的新位置

度有限，因而，此时机器人可能实际处于图 4-2 实线虚线三角形位置，但此时估计结果相对于初始预测结果已经有明显的改善。

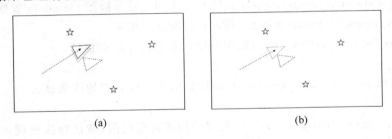

图 4-2 机器人位置预测

(a) 重新估计得到的新的机器人位置；(b) 机器人实际位置

  SLAM 的第一步需要通过测距单元获取机器人周围环境信息。这里，以一个常见的激光测距单元为例，其测量范围一般可达 360°，水平分辨率为 0.25°，即激光束的角度为 0.25°。其输出如下："2.98, 2.99, 3.00, 3.01, 3.02, 3.49, 3.50, …, 2.20, 8.17, 2.21"。激光测距单元的输出表示机器人距最近障碍物的距离。如果由于某些原因，激光测距单元无法测量某个特定角度上的安全范围，那么其将返回一个最大值，这里以 8.1 为例，测距单元返回数据超过 8.1 即意味着激光测距单元在该角度上发生测量错误。需要注意的是，激光测距单元可以以很高的频率对周围环境进行测量，其可以实现 10~100 Hz 的全周扫描。

  SLAM 的另外一个很重要的数据来源是机器人通过自身运动估计得到的自身位置信息。机器人自身位置数据通过对机器人轮胎运行圈数的估计可以得到机器人自身位置的一个估计，其可以被看作 EKF 的初始估计数据。另外一个需要注意的是，需要保证机器人自身位置数据与测距单元数据的同步。为了保证其同步，一般采用插值的方法对数据进行前处理。由于机器人的运动规律是连续的，因而，一般对机器人自身位置数据进行插值。相对而言，由于测距单元数据的不连续性，因而其插值基本是不可以实现的。

4.2 GMapping

GMapping 是基于滤波 SLAM 框架的常用开源 SLAM 算法。GMapping 基于拉奥布莱克利兹粒子滤波(Rao-Blackwellized particle filer,RBpf)算法,即将定位和建图过程分离,先进行定位再进行建图。在 ROS 中使用 slam_gmapping 表示节点。通过该节点用户可以用机器人在移动过程中激光传感器获取的数据创建 2D 栅格地图。机器人 SLAM 问题要解决的是:机器人在未知环境中从未知位置开始移动,在移动过程中依据位置估计和地图进行自身定位,在定位基础上同步增量建立地图,而实现自主定位和导航。

1. slam_gmapping 节点

slam_gmapping 节点通过消息 sensor_msgs/LaserScan 获取数据并建立地图。该创建的地图可以通过 ROS 主题或者服务方式获取。

1) 节点订阅主题

tf(tf/tfMessage),用于激光器坐标系、基座坐标系、里程计坐标系之间转换。

scan(sensor_msgs/LaserScan),激光器扫描数据。

2) 节点发布主题

map_metadata(nav_msgs/MapMetaData),周期性发布地图 metadata 数据。

map(nav_msgs/OccupancyGrid),周期性发布地图数据。

~entropy(std_msgs/Float64),发布机器人姿态分布熵的估计。

3) 服务

dynamic_map(nav_msgs/GetMap),调用该服务可以获取地图数据。

4) 参数

~throttle_scans(int,default:1),处理的扫描数据门限,默认每次处理 1 个扫描数据(可以设置更大,跳过一些扫描数据)。

~base_frame(string,default:"base_link"),机器人基座坐标系。

~map_frame(string,default:"map"),地图坐标系。

~odom_frame(string,default:"odom"),里程计坐标系。

~map_update_interval(float,default:5.0),地图更新频率。

~maxUrange(float,default:80.0),探测最大可用范围,即光束能到达的范围。

~sigma(float,default:0.05),endpoint 匹配标准差。

~kernelSize(int,default:1),用于查找对应的内核大小。

~lstep(float,default:0.05),平移优化步长。

~astep(float,default:0.05),旋转优化步长。

~iterations(int,default:5),扫描匹配迭代步数。

~lsigma(float,default:0.075),用于扫描匹配概率的激光标准差。

~ogain(float,default:3.0),似然估计为平滑重采样对累积值的影响。

~lskip(int,default:0),每次扫描跳过的光束数。

~minimumScore(float,default:0.0),为获得好的扫描匹配输出结果,用于避免在大空间范围使用有限距离的激光扫描仪（如5m）出现的jumping pose estimates问题。当Scores高达600+，如果出现了该问题可以考虑设定值50。

~srr（float，default：0.1），平移时的里程误差作为平移函数（rho/rho）。
~srt（float，default：0.2），平移时的里程误差作为旋转函数（rho/theta）。
~str（float，default：0.1），旋转时的里程误差作为平移函数（theta/rho）。
~stt（float，default：0.2），旋转时的里程误差作为旋转函数（theta/theta）。
~linearUpdate（float，default：1.0），机器人每移动一定距离处理1次扫描。
~angularUpdate（float，default：0.5），机器人每旋转一个角度处理1次扫描。
~temporalUpdate（float，default：-1.0），如果最新扫描处理比更新慢，则处理1次扫描。该值为负数时关闭基于时间的更新。
~resampleThreshold（float，default：0.5），基于重采样的门限。
~particles（int，default：30），滤波器中粒子数目。
~xmin（float，default：-100.0），地图x轴方向最小度量。
~ymin（float，default：-100.0），地图y轴方向最小度量。
~xmax（float，default：100.0），地图x轴方向最大度量。
~ymax（float，default：100.0），地图y轴方向最大度量。
~delta（float，default：0.05），地图分辨率。
~llsamplerange（float，default：0.01），用于似然计算的平移采样距离。
~llsamplestep（float，default：0.01），用于似然计算的平移采样步长。
~lasamplerange（float，default：0.005），用于似然计算的角度采样范围。
~lasamplestep（float，default：0.005），用于似然计算的角度采样步长。
~transform_publish_period（float，default：0.05），变换发布时间间隔。
~occ_thresh（float，default：0.25），栅格地图栅格值。
~maxRange（float），传感器最大范围。如果在传感器测量距离范围内没有障碍物，则在地图上显示该测量空间为自由空间。

5）需要的tf转换

通过robot_state_publisher或者tfstatic_transform_publisher周期性广播机器人底盘坐标系base_link。

base_link的里程计坐标系odom，通常由里程计系统提供。

6）提供的tf转换

提供地图坐标系和里程计坐标系的转换，可在地图坐标系中估计机器人当前姿态。

2. GMapping参数配置

GMapping参数配置文件设定及参数说明如下所示。

```
< launch >
  < arg name = "scan_topic"  default = "scan" />    //laser的topic名称，与自己激光的topic相对应。
  < arg name = "base_frame"  default = "base_footprint"/>   //机器人的坐标系。
  < arg name = "odom_frame"  default = "odom"/>             //世界坐标。
  < node pkg = "GMapping" type = "slam_gmapping" name = "slam_gmapping" output = "screen">//启动slam的节点。
```

```xml
    <param name = "base_frame" value = "$(arg base_frame)"/>
    <param name = "odom_frame" value = "$(arg odom_frame)"/>
    <param name = "map_update_interval" value = "0.01"/>   //地图更新间隔。地图更新受扫描结果匹配的影响,如果扫描结果匹配没有成功,是不会更新地图的。
    <param name = "maxUrange" value = "4.0"/>//set maxUrange <maximum range of the real sensor <= maxRange
    <param name = "maxRange" value = "5.0"/>
    <param name = "sigma" value = "0.05"/>
    <param name = "kernelSize" value = "3"/>
    <param name = "lstep" value = "0.05"/>            //优化机器人移动的初始距离。
    <param name = "astep" value = "0.05"/>            //优化机器人移动的初始角度。
    <param name = "iterations" value = "5"/>          //迭代次数。
    <param name = "lsigma" value = "0.075"/>
    <param name = "ogain" value = "3.0"/>
    <param name = "lskip" value = "0"/>  //为0,表示所有的激光都处理,尽可能为0,如果计算压力过大,可以改成1
    <param name = "minimumScore" value = "30"/>  //很重要,判断扫描结果匹配是否成功的阈值,过高的话会使扫描结果匹配失败,从而影响地图更新速率。
    <param name = "srr" value = "0.01"/>  //以下4个参数是运动模型的噪声参数。
    <param name = "srt" value = "0.02"/>
    <param name = "str" value = "0.01"/>
    <param name = "stt" value = "0.02"/>
    <param name = "linearUpdate" value = "0.05"/>  //机器人移动一段距离后,进行扫描结果匹配(scanmatch)。
    <param name = "angularUpdate" value = "0.0436"/>  //机器人旋转一个角度后,进行扫描结果匹配(scanmatch)。
    <param name = "temporalUpdate" value = "-1.0"/>
    <param name = "resampleThreshold" value = "0.5"/>
    <param name = "particles" value = "8"/>            //粒子个数。
    <!--
    <param name = "xmin" value = "-50.0"/>
    <param name = "ymin" value = "-50.0"/>
    <param name = "xmax" value = "50.0"/>
    <param name = "ymax" value = "50.0"/>
    -->
    <param name = "xmin" value = "-1.0"/>            //地图初始化的大小。
    <param name = "ymin" value = "-1.0"/>
    <param name = "xmax" value = "1.0"/>
    <param name = "ymax" value = "1.0"/>
    <param name = "delta" value = "0.05"/>
    <param name = "llsamplerange" value = "0.01"/>
    <param name = "llsamplestep" value = "0.01"/>
    <param name = "lasamplerange" value = "0.005"/>
    <param name = "lasamplestep" value = "0.005"/>
    <remap from = "scan" to = "$(arg scan_topic)"/>
  </node>
```

重要参数说明:

(1) particles (int, default:30)是 GMapping 算法中的粒子数,GMapping 使用的是粒子滤波算法,粒子在不断地迭代更新,所以选取一个合适的粒子数可以使算法在保证比较准确的同时有较快的收敛速度。

（2）minimumScore（float，default：0.0）是最小匹配得分，这个参数决定了对激光的置信度，minimumScore 越高对激光匹配的要求越高，激光的匹配也越容易失败，而 minimumScore 设得太低又会使地图中出现大量噪声，所以需要权衡调整。

4.2.1 用 tf 配置机器人

tf 的主要功能就是定义、存储、管理机器人在各种坐标系之间的转换关系。

1. tf 转换机器人坐标

下面介绍用 tf 转换 Kinect 生成的坐标系与激光扫描仪生成的坐标系。Kinect 是一种主动式扫描传感器，Kinect 能够以 30 帧/s 的速率同时捕获深度和彩色信息，与相关的激光扫描设备相比，不仅在操作上简单易用，而且不容易受到外界光线的影响。先设定这样一个场景，有机器臂放在小车上，小车前端放一个激光扫描仪，机械臂上方安置一个 Kinect，激光扫描仪和 Kinect 在垂直地面的方向有高度差，在水平方向也有水平距离。激光扫描仪和 Kinect 在探测时候，都是以自己为中心点构建坐标系，所以用激光扫描仪和 Kinect 探测同一个物体，得到的坐标会不同，在两种不同的坐标系上的数据进行转换时都会有固定的转换关系，这意味着必须定义、存储和应用转换关系完成不同坐标系之间的数据转换。现有的方法是通过 tf 软件工具定义不同坐标系之间的转换关系，然后通过 tf 软件工具来存储、管理坐标系间数据的转换。要用 tf 软件来定义和存储各种转换关系，需要将转换关系添加到转换树中。在 tf 转换过程中每一个节点对应一个坐标系，连接节点的边对应每一种转换关系，转换树中的边默认都是从父节点到子节点的转换关系。建立转换树之后，两个坐标系间数据的转换通过调用 tf 库实现，这使得一个坐标系可以很轻松地使用其他坐标系的数据信息。

2. 坐标转换实例

下面通过一个例子说明编写坐标转换过程。假设在 base_kinect 上有一个点，需要将其转换到 base_laser 上。首先，需要创建一个节点，负责发布坐标间的转换关系。之后，需要创建另一个节点，负责监听坐标间的转换关系并应用于具体的数据转换。先创建一个源码包 robot_setup_tf，它的依赖库有 roscpp、tf 和 geometry_msgs。创建 ROS 节点，广播由 base_kinect 到 base_laser 的坐标转换关系。在刚创建的 robot_setup_tf/src 目录中创建一个 tf_broadcaster.cpp 文本文件，源代码如下：

```cpp
#include <ros/ros.h>
#include <tf/transform_broadcaster.h>
int main(int argc, char** argv){
  ros::init(argc, argv, "robot_tf_publisher");
  ros::NodeHandle n;
  ros::Rate r(100);
  tf::TransformBroadcaster broadcaster;
  while(n.ok()){
    broadcaster.sendTransform(
      tf::StampedTransform(
        tf::Transform(tf::Quaternion(0, 0, 0, 1), tf::Vector3(0.1, 0.0, 0.2)),
```

```
      ros::Time::now(),"base_laser", "base_kinect"));
    r.sleep();
  }
}
```

代码解释：

\#include <tf/transform_broadcaster.h>

tf 软件提供了 tf::TransformBroadcaster 的实现使我们发布转换关系变得简单。要使用 TransformBroadcaster，需要包含上述头文件。

tf::TransformBroadcaster broadcaster;

上面语句创建了一个 TransformBroadcaster 对象，在 base_laser 到 base_kinect 的转换发布过程中需要 TransformBroadcaster 对象。

```
broadcaster.sendTransform(
  tf::StampedTransform(
    tf::Transform(tf::Quaternion(0, 0, 0, 1), tf::Vector3(0.1, 0.0, 0.2)),
    ros::Time::now(),"base_laser", "base_kinect"));
```

以上是 tf::StampedTransform 发送转换需要的 5 个参数。第 1 个参数 tf::Transform(tf::Quaternion(0，0，0，1)传入旋转变换，它由 btQuaternion 对象指定，可以实现两个坐标系间的任何旋转变换。在这个例子中，并没有涉及旋转变换，所以构造了 pitch、roll、yaw 值都为 0 的 Quaternion 对象；第 2 个参数 tf::Vector3(0.1，0.0，0.2)是一个 btVector3 对象，它实现两个坐标系间的平移变换，它的 3 个参数分别表示，base_kinect 相对于 base_laser 的 x 方向的偏移量为 0.1 m，y 方向上的偏移量为 0 m，z 方向上的偏移量为 0.2 m；第 3 个参数 ros::Time::now()指定一个转换关系发布的时间戳，这里指定为 ros::Time::now()；第 4 个参数 base_laser 指明转换关系的父节点；第 5 个参数 base_kinect 指明转换关系的子节点。

创建一个监听已经应用转换关系的节点。在 robot_setup_tf/src 目录下，创建一个 tf_listener.cpp 文档，其源代码如下：

```
#include <ros/ros.h>
#include <geometry_msgs/PointStamped.h>
#include <tf/transform_listener.h>
void transformPoint(const tf::TransformListener& listener){
  //把在 base_kinect 帧中的点转换成 base_laser 帧中的点。
  geometry_msgs::PointStamped laser_point;
  laser_point.header.frame_id = "base_kinect";
  laser_point.header.stamp = ros::Time();
  //任意点坐标
  laser_point.point.x = 1.0;
  laser_point.point.y = 0.2;
  laser_point.point.z = 0.0;
  try{
    geometry_msgs::PointStamped base_point;
    listener.transformPoint("base_laser", laser_point, base_point);
```

```
      ROS_INFO("base_kinect: (%.2f, %.2f. %.2f) -----> base_laser: (%.2f, %.2f, %.2f) at time %.2f",
          laser_point.point.x, laser_point.point.y, laser_point.point.z,
          base_point.point.x, base_point.point.y, base_point.point.z, base_point.header.stamp.toSec());
    }
    catch(tf::TransformException& ex){
      ROS_ERROR("Received an exception trying to transform a point from \"base_kinect\" to \"base_laser\": %s", ex.what());
    }
}
int main(int argc, char** argv){
    ros::init(argc, argv, "robot_tf_listener");
    ros::NodeHandle n;
    tf::TransformListener listener(ros::Duration(10));
    //we'll transform a point once every second
    ros::Timer timer = n.createTimer(ros::Duration(1.0), boost::bind(&transformPoint, boost::ref(listener)));
    ros::spin();
}
```

代码解释：

```
#include <tf/transform_listener.h>
```

引用 tf::TransformListener。用 TransformListener 对象自动订阅 ROS 上的转换信息并管理所有的这些转换信息。

```
void transformPoint(const tf::TransformListener& listener){
```

transformPoint 函数给定一个 TransformListener 对象，在 base_kinect 上模拟一个点，然后将其转换到 base_laser 上。这个函数被 main 函数中创建的 ros::Timer 调用，并且每秒启动一次。

```
    geometry_msgs::PointStamped laser_point;
    laser_point.header.frame_id = "base_kinect";
    laser_point.header.stamp = ros::Time();
    laser_point.point.x = 1.0;
    laser_point.point.y = 0.2;
    laser_point.point.z = 0.0;
```

上面代码模拟了一个 geometry_msgs::PointStamped 类型的点数据。"Stamped" 放在消息名字的末尾意味着它定义的对象包含一个信息头，允许将一个具体的 timestamp 和 frame_id 与点数据关联。将 laser_point 消息的 stamp 字段设为 ros::Time() 让 TransformListener 订阅最新的有效转换。因为模拟的点数据在 base_kinect 坐标系上，所以 frame_id 字段设为 base_kinect。最后，设置点的具体坐标 x:1.0, y:0.2, z:0.0。

```
    try{
      geometry_msgs::PointStamped base_point;
      listener.transformPoint("base_laser", laser_point, base_point);
      ROS_INFO("base_kinect: (%.2f, %.2f. %.2f) -----> base_laser: (%.2f, %.2f, %.2f) at
```

```
        time %.2f",
        laser_point.point.x, laser_point.point.y, laser_point.point.z,
        base_point.point.x, base_point.point.y, base_point.point.z, base_point.header.stamp.
toSec());
}
```

调用 TransformListener 对象的 transformPoint() 函数将 base_kinect 上的点数据转换到 base_laser 上。该方法有 3 个参数：第 1 个参数 base_laser 表示点数据转换的目标坐标系；第 2 个参数 laser_point 表示要转换的点数据；第 3 个参数 base_point 表示存储转换之后的目标点数据。调用这个方法后，base_point 将会存有之前只在基于 base_kinect 坐标系的点坐标信息。

在完成发布转换和监听转换后添加必要的编译信息并进行编译构建。打开 robot_setup_tf 下的 CMakeLists.txt 文档，在底部添加下面信息：

```
add_executable(tf_broadcaster src/tf_broadcaster.cpp)
add_executable(tf_listener src/tf_listener.cpp)
target_link_libraries(tf_broadcaster ${catkin_LIBRARIES})
target_link_libraries(tf_listener ${catkin_LIBRARIES})
```

执行如下命令进行编译构建：

```
$ cd %TOP_DIR_YOUR_CATKIN_WS%
$ catkin_make --cmake-args -DCMAKE_BUILD_TYPE=Debug
```

打开 3 个终端，在第 1 个终端运行 roscore，在第 2 个终端运行 rosrun robot_setup_tf tf_broadcaster，在第 3 个终端运行 rosrun robot_setup_tf tf_listener 。如果都运行正确，应该会在终端看到类似下面的信息：

```
[ INFO] 1248138528.200823000: base_kinect: (1.00, 0.20. 0.00) -----> base_laser: (1.10,
0.20, 0.20) at time 1248138528.19
[ INFO] 1248138529.200820000: base_kinect: (1.00, 0.20. 0.00) -----> base_laser: (1.10,
0.20, 0.20) at time 1248138529.19
[ INFO] 1248138530.200821000: base_kinect: (1.00, 0.20. 0.00) -----> base_laser: (1.10,
0.20, 0.20) at time 1248138530.19
[ INFO] 1248138531.200835000: base_kinect: (1.00, 0.20. 0.00) -----> base_laser: (1.10,
0.20, 0.20) at time 1248138531.19
[ INFO] 1248138532.200849000: base_kinect: (1.00, 0.20. 0.00) -----> base_laser: (1.10,
0.20, 0.20) at time 1248138532.19
```

4.2.2 发布里程计信息

tf 只能表示机器人相对于全局地图的位置关系，而里程计消息不但能表示位置还能够表示向量信息，所以里程计消息对机器人位置校准很重要。ROS 中可以发布里程计消息，并在 Rviz 中显示。里程计消息 nav_msgs/Odometry 的结构如下：

```
Header header
string child_frame_id
geometry_msgs/PoseWithCovariance pose
```

geometry_msgs/TwistWithCovariance twist

下面给出发布里程计的实例。

1. 实现绕原点转圈的功能

```cpp
#include <ros/ros.h>
#include <tf/transform_broadcaster.h>
#include <nav_msgs/Odometry.h>
int main(int argc, char** argv){
  ros::init(argc, argv, "odometry");
  ros::NodeHandle n;
  ros::Publisher odom_pub = n.advertise<nav_msgs::Odometry>("odom", 50);
  tf::TransformBroadcaster odom_broadcaster;
  double x = 0.0;
  double y = 0.0;
  double th = 0.0;
  double vx = 0.1;
  double vy = -0.1;
  double vth = 0.1;
  ros::Time current_time, last_time;
  current_time = ros::Time::now();
  last_time = ros::Time::now();

  ros::Rate r(1.0);
  while(n.ok()){
    ros::spinOnce();                              //等待输入信息
    current_time = ros::Time::now();
    //用典型测速方法计算机器人速度
    double dt = (current_time - last_time).toSec();
    double delta_x = (vx * cos(th) - vy * sin(th)) * dt;
    double delta_y = (vx * sin(th) + vy * cos(th)) * dt;
    double delta_th = vth * dt;
    x += delta_x;
    y += delta_y;
    th += delta_th;
    //创建偏航角的四元数
    geometry_msgs::Quaternion odom_quat = tf::createQuaternionMsgFromYaw(th);
    //首先,发布基于 tf 的坐标转换
    geometry_msgs::TransformStamped odom_trans;
    odom_trans.header.stamp = current_time;
    odom_trans.header.frame_id = "odom";
    odom_trans.child_frame_id = "base_link";

    odom_trans.transform.translation.x = x;
    odom_trans.transform.translation.y = y;
    odom_trans.transform.translation.z = 0.0;
    odom_trans.transform.rotation = odom_quat;
    //转换
    odom_broadcaster.sendTransform(odom_trans);
    //在 ROS 发布测程
    nav_msgs::Odometry odom;
```

```
        odom.header.stamp = current_time;
        odom.header.frame_id = "odom";
        //设置位置
        odom.pose.pose.position.x = x;
        odom.pose.pose.position.y = y;
        odom.pose.pose.position.z = 0.0;
        odom.pose.pose.orientation = odom_quat;
        //设定速度
        odom.child_frame_id = "base_link";
        odom.twist.twist.linear.x = vx;
        odom.twist.twist.linear.y = vy;
        odom.twist.twist.angular.z = vth;
        //发布消息
        odom_pub.publish(odom);
          last_time = current_time;
          r.sleep();
        }
    }
```

2. 启动节点

编译的包名为 learning_tf，执行如下命令启动里程计节点：

ros2 run learning_tf odometry

4.3 SLAM 实例

为了更好地介绍如何使用 SLAM 建图、导航、定位，结合自研设备 JuLab1 给出 SLAM 实例。整个 JuLab1 机器人由机械双臂、载体平台、运动机构、微型工控机、深度相机、二维激光雷达、控制器、电源模块构成，整体组装效果如图 4-3 所示。JuLab1 整体重 14 kg，最大运动速度为 0.4 m/s。JuLab1 的机械臂双臂臂展为 1 m，机械臂各关节由高精度数字舵机构成，机械臂单臂有效载荷为 100 g。JuLab1 的激光雷达用一个高速旋转的激光测距探头将周围 360°的障碍物分布情况测量出来，形成可由计算机处理的障碍物轮廓俯视二维点阵。JuLab1 的深度相机可采集环境的深度信息然后进行物体识别、环境建模。相对于传统 2D 相机，3D 相机增加了一个维度的信息，能够更好地对真实世界进行描述，可应用在许多领域如自动驾驶中的物体识别和障碍物检测，工业中散乱码放物体的识别、分拣等。JuLab1 的运动底盘由 4 个麦克纳姆轮支撑，可以实现前行、横移、斜行、旋转等运动方式。JuLab1 的运动底盘可在空间有限、作业通道狭窄的环境中灵活地移动。JuLab1 的控制器用来控制底盘的运动，采集运动信息，

图 4-3　JuLab1 整体组装效果

控制机械臂的升降，采集超声波测距信息，以及与工控机进行数据通信和实时交互。JuLab1 可以运行 Ubuntu 等操作系统，支持 ROS、ROS2。

4.3.1 激光建图

1. 仿真环境下建图

由于 ROS2 对 SLAM 支持尚不完善，以下 SLAM 实例在 ROS 完成，执行如下命令：

```
roscore
rosparam set use_sim_time true
roslaunch jbot_nav fake_gmapping_demo.launch
roscd jbot_nav/bag_files
rosbag play my_bag3.bag
```

启动 Rviz，仿真环境下建图效果如图 4-4 所示。

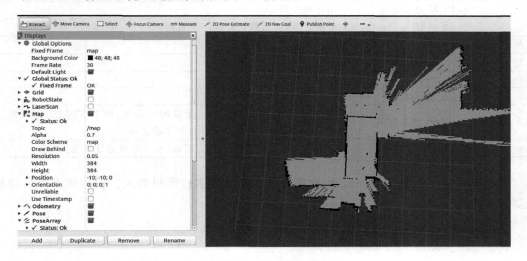

图 4-4　仿真环境下建图的效果

2. 实际环境下建图

启动索尼的 PS 手柄控制 JuLab1 机器人。手柄的俯视、正视、细节图如图 4-5 所示。

图 4-5　手柄图示

(a) 手柄俯视图；(b) 手柄正视图；(c) 手柄细节图

索尼的 PS 手柄详细按键和功能对应如表 4-1 所示。

表 4-1 手柄控制按钮对应事件

按　键	功　能	说　明
4	前进	以一定速度运行,通过 8 和 10 调节速度
5	右行	同上
6	后退	同上
7	左行	同上
8	减速	一共分为 4 挡,每按下一次降低一挡
10	加速	升挡
1+,1−	前进、后退	摇杆越靠前,速度越快
0+,0−	左移、右移	摇杆越靠前,速度越快
2+,2−	旋转	2+为顺时针旋转,2−为逆时针旋转
SELECT(0)	机械臂切换	默认是右臂,按下后选择左臂
SELECT(3)	滑块切换	该按键切换摇杆 3 的功能,默认是旋转机械臂关节,单击后切换为滑块的控制
9	1 号关节操作	闭合和开启
11	2 关节	单击之后,关节默认转动一个角度
12	3 关节	同上
13	4 关节	同上
14	5 关节	同上
15	6 关节	同上
3+,3−	关节运动方向	默认 3+是顺时针旋转,3−是逆时针旋转,按下 START 键之后,3+为向上移动滑块,3−为向下移动滑块
16	PS 按键,连接蓝牙	单击后,PS 手柄上 4 个灯会闪烁,表示寻找蓝牙设备

以较低的速度控制机器人运行,在环境中多旋转和多移动机器人。执行如下命令控制机器人建图:

```
roslaunch jbot_control ps3_control.launch
roslaunch jbot_nav gmapping_demo.launch
```

建图结束后,执行如下命令保存地图,可在 maps 路径下看到新生成一幅图片和一个对应的 yaml 文件。

```
roscd jbot_nav/maps/
rosrun map_server map_saver -f my_mp
```

4.3.2 导航

1. 仿真环境下导航

1) 启动仿真环境,执行如下命令:

```
roslaunch jbot_bringup fake_jbot.launch
```

2) 启动导航引擎,执行如下命令:

```
roslaunch jbot_nav nav_with_map.launch sim:=true
```

启动 Rviz,单击 2D Nav Goal,在地图上单击任意一点作为目的地,即可实现机器人仿真导航到目的地。导航相关的参数很多,不同的参数导航的效果会不相同,参数在 jbot_nav/config/jbot 路径下。

仿真环境下导航效果如图 4-6 所示。

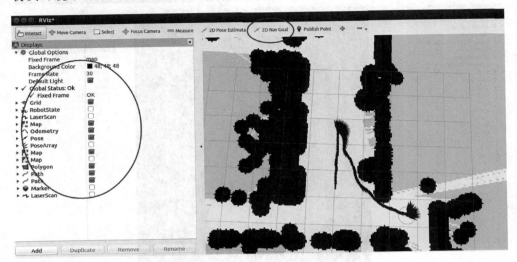

图 4-6 仿真环境下导航效果

2. 实际环境下导航

(1) 标定。标定分为速度标定和角度标定,速度标定的原理是让机器人按照一个方向走一段距离,测试机器人实际走了多远,同时查看 odom 和 base_footprint 之间的距离,算出一个标定值,修改对应的参数来实现标定速度。一般标定一次即可,如果出现误差较大,则需要再次标定。执行如下命令完成标定:

```
rosrun jbot_nav car_calibration.launch
rostopic pub /cmd_vel geometry_msgs/Twist -- '[0.1, 0, 0]' '[0, 0, 0]'
rosrun tf tf_echo /odom /base_footprint
```

(2) 启动导航引擎,执行如下命令:

roslaunch jbot_nav nav_with_map.launch #可以在该文件中修改对应的 map 文件。

与仿真环境相同,给定一个目标位置,机器人可以根据实时扫描来避开障碍物到达指定地点。或者手动发布一个目标位置,观测机器人的路径规划与避障效果。

手动发布一个目标位置,执行如下命令:

```
rostopic pub /move_base_simple/goal geometry_msgs/PoseStamped '{header: {frame_id: "base_footprint"}, pose:{position:{x: 1.0, y: 0, z: 0}, orientation:{x: 0, y: 0, z: 0, w: 1}}}'
```

4.3.3 定位

结合激光雷达的实时数据来实时定位,执行如下命令启动文件:

```
roslaunch jbot_nav nav_with_map_amcl.launch
```

启动手柄或者键盘控制机器人运动一段时间,最终会发现大部分粒子都集中到机器人实际运行的姿态,实现定位效果。定位效果如图4-7所示。导航和定位的精度和对应的参数关系非常大,不同的参数会导致不同的效果,如果导航精度较差,可尝试调试对应的参数。

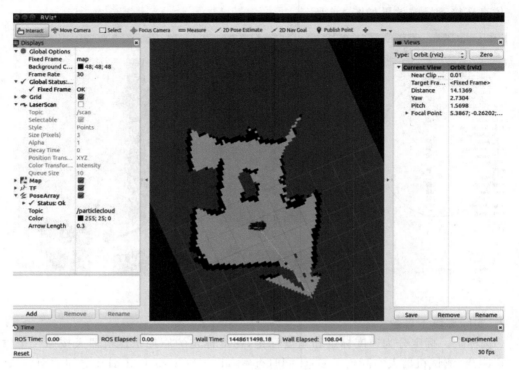

图4-7　定位效果

第 5 章 机械臂控制

机械臂是一个多输入多输出、高度非线性、强耦合的复杂系统。因其独特的操作灵活性，已在工业装配、安全防爆等领域得到广泛应用。机械臂是机器人完成复杂任务的主要实施主体，对机械臂的控制对于整个机器人系统非常重要。机械臂包括机械结构、电气元器件及控制系统，其中控制系统是控制机械臂完成指定动作的关键部分。本章主要介绍六轴机械臂轨迹控制，即轨迹规划。在 ROS 中描述机械臂以及基于 JuLab1 机器人的机械臂实例开发。

机械臂的控制需要对机械臂做运动学分析、求解，包括机械臂的正运动学分析和机械臂的逆运动学分析。其中机械臂的正运动学分析描述从关节空间到末端笛卡儿空间的变换，由坐标系中已知的各个关节角度，求解机械臂末端相对应于基坐标系的位置和姿态。机械臂的逆运动学解是对其运动学正解的反解，因而已知量和求解量相反，即已知机械臂末端的位置姿态求机械臂各个关节的位置。机械臂的正运动学分析将任何机械臂看作是一系列由关节连接起来的连杆构成，为机械臂的每一个连杆建立一个坐标系，并用齐次变换来描述这些坐标系间的相对位置和姿态。把描述一个连杆与另外一个连杆间相对关系的齐次变换称为 A 矩阵。通常由 A_1 表示第一个连杆对于基系的位置和姿态，A_2 表示第二个连杆相对于第一个连杆的位置和姿态，则第一个连杆在基系中的位置和姿态可以由 $T_2 = A_1 A_2$ 表示，令 A_n 表示第 n 个连杆相对于第 $n-1$ 个连杆的位置和姿态，A_{n-1} 表示第 $n-1$ 个连杆相对于第 $n-2$ 个连杆的位置和姿态，同理有第 n 个连杆在基系的位置和姿态可以由 $T_n = A_1 A_2 \cdots A_{n-1} A_n$ 表示。

机械臂的逆运动学解是对其运动学正解的反解，已知机械臂末端的位置姿态，在机械臂末端达到指定位置、姿态的过程中，求解各个关节的位置，即已知机械臂末端位置齐次变换矩阵 $^0_n T$，求解各转动关节的角度 θ_i。

机械臂的运动学正、逆求解实质是机械臂关节空间与工作空间之间的非线性映射关系，两者可相互转换。关节空间与工作空间的关系图如图 5-1 所示。

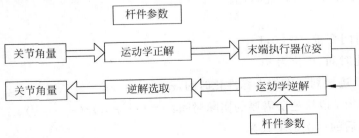

图 5-1 关节空间与工作空间的关系

5.1 六轴机械臂轨迹规划

目前关于空间轨迹规划的方法主要有 3 种：三次多项式插值、高阶多项式插值以及样条曲线等方法。本节主要基于三次多项式插值，讨论轨迹在关节空间中的位移、速度与加速度等变量的关系。规划实质是根据需求计算出预定的轨迹曲线。在轨迹规划时可以在运动学与动力学的基础上进行规划，所以规划是建立在运动学和动力学基础上的。轨迹规划的一般方法是在机械臂末端的初始和目标位置之间用多项式函数"内插"来逼近给定的路径，并沿着时间轴产生一系列的可供操作机使用的"控制设定点"。其中关节坐标和笛卡儿坐标都可以对路径端点进行给出。一般是在笛卡儿坐标中给出，由于在笛卡儿坐标中机械臂末端形态更容易观察。所以通常采用笛卡儿方法。在给定的两端之间，常有多条可能路径。可以沿着直线和光滑多项式曲线运动。

5.1.1 关节空间的轨迹规划

机械臂关节空间的轨迹规划解决机械臂从起始位姿到终止位姿去取放物体的问题。机械臂末端移动的过程并不重要，只要求运动是平滑的且没有碰撞产生。在关节空间中进行轨迹规划时，算法简单、工具移动效率高，即不需要求位置的逆解和雅可比矩阵的逆，因此机构的奇异性解不会出现。对于无路径的要求，应尽量在关节空间进行轨迹规划。下面分别介绍三次多项式插值法和五次多项式插值法。

1. 三次多项式插值法

三次多项式与其一阶导数函数，总计有 4 个待定系数，对起始点和目标点两者的角度、角速度同时给出约束条件。可以对通过空间的 n 个点进行分析并进行轨迹规划，让速度和加速度在运动过程中保持轨迹平滑，实现对 $n-1$ 段中的每一段三次多项式系数求解，为了方便，对其进行归一化处理。

1) 时间标准化算法

根据三次多项式轨迹规划流程，对每个关节进行轨迹规划时需要对 $n-1$ 段的轨迹进行设计，为了能对 $n-1$ 个轨迹规划方程进行同样处理，首先设计了时间标准化算法将时间进行处理，经过处理后的时间 $t\in[0,1]$。

定义：

t：标准化时间变量，$t\in[0,1]$；

τ：未标准化时间，单位为 s；

τ_i：第 i 段轨迹规划结束的未标准化时间，$\tau_i=\tau-\tau_{i-1}$；

机械臂执行第 i 段轨迹所需要的实际时间：$t=(\tau-\tau_{i-1})/(\tau_i-\tau_{i-1})$。

时间归一化后的三次多项式为

$$y = A_0 + A_1 t + A_2 t^2 + A_3 t^3$$

2）机械臂轨迹规划算法实现过程

（1）已知初始位置为 θ_1；

（2）给定初始速度为 0；

（3）已知第一个中间点位置 θ_2，它也是第一运动段三次多项式轨迹的终点；

（4）为了保证运动的连续性，需要设定 θ_2 所在点为三次多项式轨迹的起点，以确保运动的连续；

（5）为了保证 θ_2 处速度连续，三次多项式在 θ_2 处一阶可导；

（6）为了保证 θ_2 处加速度连续，三次多项式在 θ_2 处二阶可导；

（7）以此类推，每一个中间点的位置 $\theta_i(2<i<n-1)$，都一定要在其原运动段轨迹的终点，并且也是它后运动段的起点；

（8）θ_{i+1} 的速度保持连续；

（9）θ_{i+1} 的加速度保持连续；

（10）点位置 θ_n。给定终点速度，设其为 0。

3）约束条件

第一个三次曲线为
$$\theta(t) = a_{10} + a_{11}t + a_{12}t^2 + a_{13}t^3$$

第二个三次曲线为
$$\theta(t) = a_{20} + a_{21}t + a_{22}t^2 + a_{23}t^3$$

第三个三次曲线为
$$\theta(t) = a_{30} + a_{31}t + a_{32}t^2 + a_{33}t^3$$

……

第 $n-1$ 个三次曲线为
$$\theta(t) = a_{(n-1)0} + a_{(n-1)1}t + a_{(n-1)2}t^2 + a_{(n-1)3}t^3$$

在同一时间段内，三次曲线每次的起始时刻 $t=0$，停止时刻 $t=t_i$，其中 $i=1,2,\cdots,n$。

（1）在标准化时间 $t=0$ 处，设定 θ_1 为第一条三次多项式运动段的起点，可以得出 $\theta_1=a_{10}$；

（2）在标准化时间 $t=0$ 处，三次多项式运动段第一条的初始速度是已知变量，所以得出 $\theta_1'=a_{11}=0$；

（3）第一中间点位置 θ_2 与第一条三次多项式运动段在标准化时间 $t=t_n$ 时的终点相同，所以可以得出 $\theta_2=a_{10}+a_{11}t_{f1}+a_{12}t_{f1}^2+a_{13}t_{f1}^3$；

（4）第一中间点位置 θ_2 与第一运动段在标准化时间 $t=0$ 时起点相同，所以得出 $\theta_2=a_{20}$；

（5）三次多项式在 θ_2 处一阶可导，因此可得出 $\theta_2'=a_{11}+2a_{12}t_{f1}+3a_{13}t_{f1}^2=a_{21}$；

（6）三次多项式在 θ_2 处二阶可导，因此可得出 $\theta_2''=2a_{12}+6a_{13}t_{f1}=2a_{22}$；

（7）第二个空间点的位置 θ_3 与第二运动段在标准化时间 t_{f2} 时的终点相同，所以有 $\theta_3=a_{20}+a_{21}t_{f2}+a_{22}t_{f2}^2+a_{23}t_{f2}^3$；

（8）第二个中间点的位置 θ_3 应与第三运动段在标准化时间 $t=0$ 时起点相同，所以有 $\theta_3=a_{30}$；

（9）三次多项式在 θ_3 处一阶可导，从而有 $\theta_3'=a_{21}+2a_{22}t_{f2}+3a_{23}t_{f2}^2=a_{31}$；

（10）三次多项式在 θ_3 处二阶可导，从而有 $\theta_3''=2a_{22}+6a_{23}t_{f2}=2a_{32}$；

（11）第 $n-2$ 个中间点位置 θ_{n-1} 和第 $n-1$ 运动段在标准化时间 $t_{f(n-2)}$ 时的终点相同，

所以有 $\theta_{n-1} = a_{(n-2)0} + a_{(n-2)1} t_{f(n-2)} + a_{(n-2)2} t_{f(n-2)}^2 + a_{(n-2)3} t_{f(n-2)}^3$；

（12）第 $n-2$ 个中间点位置 θ_{n-1} 应与下一运动段在标准化时间 $t=0$ 时的起点位置相同，所以有 $\theta_{n-1} = a_{(n-1)0}$；

（13）三次多项式在第 $n-2$ 个中间点处一阶可导，从而：

$$\theta'_{n-1} = a_{(n-2)1} + 2a_{(n-2)2} t_{f(n-2)} + 3a_{(n-2)3} t_{f(n-2)}^2 = a_{(n-1)1} \tag{5-1}$$

（14）三次多项式在第 $(n-2)$ 个中间点处二阶可导，从而：

$$\theta''_{n-1} = 2a_{(n-2)2} + 6a_{(n-2)3} t_{f(n-2)} = 2a_{(n-1)2} \tag{5-2}$$

（15）因此可以得出所有轨迹终点在标准化时间 t_n 时的位置 θ_n 为

$$\theta_n = a_{(n-1)0} + a_{(n-1)1} t_{fn} + a_{(n-1)2} t_{fn}^2 + a_{(n-1)3} t_{fn}^3 \tag{5-3}$$

（16）因此可以得出所有轨迹终点在标准化时间 t_n 时的速度 θ'_n 为

$$\theta'_n = a_{(n-1)1} + 2a_{(n-1)2} t_{fn} + 3a_{(n-1)3} t_{fn}^2 \tag{5-4}$$

由机械臂运动学逆解求出 θ_i，得到 $n-1$ 段的运动方程，从而使机械臂末端执行器经过所给定的位置坐标。

通过以上分析可以确定机械臂在满足速度要求的两个位姿之间运动时各个关节轴的角度变化曲线。

2. 五次多项式插值

五次多项式插值的速度曲线更平滑，得出多项式插值法虽然计算量有所增加，但是其关节空间轨迹平滑、运动稳定，且阶数越高满足的约束项越多，但是阶数多也会带来加速度不稳定等不利因素。

五次多项式共有 6 个待定系数，要想确定 6 个系数，至少需要 6 个条件。五次多项式可以看作是关节角度的时间函数，因此其一阶可导和二阶可导可以分别看作是关节角速度和关节角加速度的时间函数。五次多项式及一阶、二阶导数公式如下：

$$\theta_{(t)} = C_0 + C_1 t + C_2 t^2 + C_3 t^3 + C_4 t^4 + C_5 t^5 \tag{5-5}$$

$$\theta'_{(t)} = C_1 + 2C_2 t + 3C_3 t^2 + 4C_4 t^3 + 5C_5 t^4 \tag{5-6}$$

$$\theta''_{(t)} = 2C_2 + 6C_3 t + 12C_4 t^2 + 20C_5 t^3 \tag{5-7}$$

为了求得待定系数 $C_0, C_1, C_2, C_3, C_4, C_5$，对起始点和目标点同时给出关于角度和角加速度的约束条件：

$$\theta_{(t_0)} = C_0 + C_1 t_0 + C_2 t_0^2 + C_3 t_0^3 + C_4 t_0^4 + C_5 t_0^5 \tag{5-8}$$

$$\theta_{(t_f)} = C_0 + C_1 t_f + C_2 t_f^2 + C_3 t_f^3 + C_4 t_f^4 + C_5 t_f^5 \tag{5-9}$$

$$\theta'_{(t_0)} = C_1 + 2C_2 t_0 + 3C_3 t_0^2 + 4C_4 t_0^3 + 5C_5 t_0^4 \tag{5-10}$$

$$\theta'_{(t_f)} = C_1 + 2C_2 t_f + 3C_3 t_f^2 + 4C_4 t_f^3 + 5C_5 t_f^4 \tag{5-11}$$

$$\theta''_{(t_0)} = 2C_2 + 6C_3 t_0 + 12C_4 t_0^2 + 20C_5 t_0^3 \tag{5-12}$$

$$\theta''_{(t_f)} = 2C_2 + 6C_3 t_f + 12C_4 t_f^2 + 20C_5 t_f^3 \tag{5-13}$$

式中，$\theta_{(t_0)}$、$\theta_{(t_f)}$ 分别表示起始点和目标点的关节角；$\theta'_{(t_0)}$、$\theta'_{(t_f)}$ 分别表示起始点和目标点的关节角速度；$\theta''_{(t_0)}$、$\theta''_{(t_f)}$ 分别表示起始点和目标点的关节角加速度。将起始时间设为 0，即 $t_0 = 0$，得到解：

$$\begin{cases} C_0 = \theta_0 \\ C_1 = \theta'_0 \\ C_2 = \dfrac{\theta''_0}{2} \\ C_3 = \dfrac{20\theta_f - 20\theta_0 - (8\theta'_f + 12\theta'_0)t_f - (3\theta''_0 - \theta''_f)t_f^2}{2t_f^3} \\ C_4 = \dfrac{30\theta_0 - 30\theta_f + (14\theta'_f + 16\theta'_0)t_f + (3\theta''_0 - 2\theta''_f)t_f^2}{2t_f^4} \\ C_5 = \dfrac{12\theta_f - 12\theta_0 - (6\theta'_f + 6\theta'_0)t_f - (\theta''_0 - \theta''_f)t_f^2}{2t_f^5} \end{cases} \qquad (5\text{-}14)$$

5.1.2 笛卡儿空间的轨迹规划

在机械臂的笛卡儿空间轨迹规划中,中间点即插补点的坐标可以通过插补算法得到。得到中间点后,把中间点的位姿转换成相应的关节角,再通过对关节角的控制,使得机械臂的末端能按照预先规划的路径运动。机械臂的笛卡儿空间轨迹规划位姿控制过程如图 5-2 所示。

图 5-2 机械臂笛卡儿空间轨迹规划控制过程

空间直线和空间弧线的轨迹规划是笛卡儿空间中不可或缺的两部分。因为空间的曲线可以分割为许多直线和弧线;但是也会出现直线或弧线连接处尖角问题,采用圆弧过渡来平滑尖角,使运动轨迹连续平滑。在笛卡儿空间中,空间直线和空间弧线的轨迹规划是最常见的两部分,其他空间曲线可以通过这两者来逼近。

1. 空间直线轨迹规划

所谓空间直线插补就是在该直线起始点位姿已知的情况下,对轨迹中间点(插补点)的位姿坐标进行求解。

直线插补法步骤如下:

(1) 设已知起始点的位置坐标分别为 $p_0(x_0, y_0, z_0)$,$p_f(x_f, y_f, z_f)$,计算 $p_0 p_f$ 距离:

$$L = \sqrt{(x_0 - x_f)^2 + (y_0 - y_f)^2 + (z_0 - z_f)^2} \qquad (5\text{-}15)$$

(2) 求间隔内行程,需要分匀速、加速、减速 3 种情况进行讨论:

① 匀速(t_1):设速度为 v,则插补周期 T_s 内行程为 $d_1 = v T_s$;

② 加速(t_2):设加速度为 a,起始点速度为 v_0,则在插补周期内的行程为 $d_2 = v_0 T_s + \dfrac{1}{2} a T_s^2$;

整个加速度的路程为 $s = \dfrac{1}{2a} v_0^2$,时间记为 $t_2 = \dfrac{v_0}{a}$;

③ 减速(t_3)：设加速度为 a'，起始点速度为 v_0'，则在插补周期内的行程为 $d_3 = v_0' T_s + \frac{1}{2} a' T_s^2$；整个加速度的路程为 $s' = \frac{1}{2a'} v_0^2$，时间记为 $t_3 = \frac{v_0}{a}$。

(3) 计算总时间：$t = t_1 + t_2 + t_3$。

(4) 计算插补点数：$N = \frac{t}{T_s}$。

(5) 对插补点所在段进行判断（匀速段、加速段、减速段），使各轴的增量得到确定，对各插补点坐标进行实时计算。

(6) 根据坐标值，通过运动学逆解求出各关节角。

(7) 利用五次多项式插值法对关节角的插值计算。

从以上各式分析可以看出，机械臂完成一个空间轨迹的过程，是实现估计离散点的过程。让其尽量逼近，使机械臂轨迹尽可能符合规划好的运动轨迹。为了使机械臂的性能更好，让末端执行器的轨迹更平滑，在相邻两个插值点的关节角间选取插补函数使关节轴运动更加稳定。此方法将笛卡儿空间、关节空间相结合。如：工具末端沿着一个直线运动，通过上面的计算把直线段上插补 199 次即整体直线轨迹分为 200 个点，每个坐标点进行逆运动学求解得到 200 组关节角度值。最后通过关节空间轨迹规划的方法将相邻的两组关节角进行角度插补，从而使工具末端的轨迹平滑且能很好地控制每个关节的角速度和角加速度。

2. 空间圆弧的轨迹规划

在笛卡儿空间圆弧轨迹规划中，为了计算方便，运用坐标变换，即先在圆弧所在平面建立一个新的直角坐标系，在这个直角坐标系中计算圆弧的各插补点在新坐标系中的值，然后再将这些值返回到原来的坐标系中，算出各插补点在原来坐标系中的值。圆弧插补的位移曲线也是采用抛物线过渡的线性函数，归一化因子的求解与上述一样。空间圆弧插补示意图如图 5-3 所示。三点确定一段弧，设机械臂末端执行器从起始位置 P_1 经过中间点 P_2 到达终点 P_3，如果这三点不共线，就一定存在从起始点 P_1 经过中间点 P_2 到达终点 P_3 的圆弧轨迹规划算法。具体算法如下：

(1) 先求得圆弧的圆心 $P_0(x_0, y_0, z_0)$ 和半径 r。$P_1(x_1, y_1, z_1)$、$P_2(x_2, y_2, z_2)$ 和 $P_3(x_3, y_3, z_3)$ 三点确定平面 M，其方程为

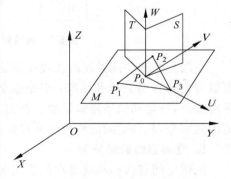

图 5-3 空间圆弧插补示意图

$$\begin{vmatrix} x - x_3 & y - y_3 & z - z_3 \\ x_1 - x_3 & y_1 - y_3 & z_1 - z_3 \\ x_2 - x_3 & y_2 - y_3 & z_2 - z_3 \end{vmatrix} = 0 \tag{5-16}$$

将其展开可得

$$[(y_1 - y_3)(z_2 - z_3) - (y_2 - y_3)(z_1 - z_3)](x - x_3) +$$
$$[(x_2 - x_3)(z_1 - z_3) - (x_1 - x_3)(z_2 - z_3)](y - y_3) +$$
$$[(x_1 - x_3)(y_2 - y_3) - (x_2 - x_3)(y_1 - y_3)](z - z_3) = 0 \tag{5-17}$$

过 $P_1 P_2$ 的中点且与 $P_1 P_2$ 垂直的平面 T 的方程为

$$\left[x - \frac{1}{2}(x_1 + x_2)\right](x_2 - x_1) + \left[y - \frac{1}{2}(y_1 + y_2)\right](y_2 - y_1) +$$
$$\left[z - \frac{1}{2}(z_1 + z_2)\right](z_2 - z_1) = 0 \tag{5-18}$$

过点 P_2P_3 的中点且垂直 P_2P_3 的平面 S 的方程为

$$\left[x - \frac{1}{2}(x_3 + x_2)\right](x_3 - x_2) + \left[y - \frac{1}{2}(y_3 + y_2)\right](y_3 - y_2) +$$
$$\left[z - \frac{1}{2}(z_3 + z_2)\right](z_3 - z_2) = 0 \tag{5-19}$$

联立上式,求得圆心 $P_0(x_0, y_0, z_0)$。圆弧的半径为

$$r = \sqrt{(x_0 - x_1)^2 + (y_0 - y_1)^2 + (z_0 - z_1)^2} \tag{5-20}$$

(2) 以圆心 $P_0(x_0, y_0, z_0)$ 为原点建立圆弧所在平面的新坐标 $O_R - UVW$,U 轴为坐标系原点 P_0 与点 P_3 的连线。单位方向向量为 $\boldsymbol{u} = \dfrac{\overline{P_0P_3}}{|\overline{P_0P_3}|}$。

(3) W 轴为平面 T 与平面 S 的交线,其单位方向向量为 $\boldsymbol{w} = \dfrac{\overline{P_1P_2} \times \overline{P_2P_3}}{|\overline{P_1P_2} \times \overline{P_2P_3}|}$;根据右手法则,$V$ 轴在 W 轴和 U 轴的叉乘方向,其单位向量为

$$\boldsymbol{v} = \boldsymbol{w} \times \boldsymbol{u}$$

根据齐次坐标变换可得齐次坐标矩阵 $\boldsymbol{T}_R$ 为

$$\boldsymbol{T}_R = \begin{bmatrix} u_x & v_x & w_x & x_o \\ u_y & v_y & w_y & y_o \\ u_z & v_z & w_z & z_o \\ 0 & 0 & 0 & 1 \end{bmatrix} \tag{5-21}$$

其逆矩阵 $\boldsymbol{T}_R^{-1}$ 可以根据齐次变换矩阵求解逆得到

$$\boldsymbol{R} = \begin{bmatrix} u_x & v_x & w_x \\ u_y & v_y & w_y \\ u_z & v_z & w_z \end{bmatrix}, \quad \boldsymbol{P}_o = \begin{bmatrix} x_o \\ y_o \\ z_o \end{bmatrix} \tag{5-22}$$

可以得到 $\boldsymbol{T}_R^{-1} = \begin{bmatrix} \boldsymbol{R}^T & -\boldsymbol{R}^T \boldsymbol{P}_o \\ 0 & 1 \end{bmatrix}$。

(4) 将点 P_1、P_2、P_3 以及圆心 P_0 从原来坐标系中的值转换到圆心所在 $P_o - UVW$ 新坐标系中。设原来的坐标系中的值分别为 (x_1, y_1, z_1)、(x_2, y_2, z_2)、(x_3, y_3, z_3)、(x_o, y_o, z_o),在新坐标系中的值分别为 (u_1, v_1, w_1)、(u_2, v_2, w_2) 与 (u_3, v_3, w_3),则求解:

$$\begin{bmatrix} u_1 \\ v_1 \\ w_1 \\ 1 \end{bmatrix} = \boldsymbol{T}_R^{-1} \begin{bmatrix} x_1 \\ y_1 \\ z_1 \\ 1 \end{bmatrix} \begin{bmatrix} u_2 \\ v_2 \\ w_2 \\ 1 \end{bmatrix} = \boldsymbol{T}_R^{-1} \begin{bmatrix} x_2 \\ y_2 \\ z_2 \\ 1 \end{bmatrix} \begin{bmatrix} u_3 \\ v_3 \\ w_3 \\ 1 \end{bmatrix} = \boldsymbol{T}_R^{-1} \begin{bmatrix} x_3 \\ y_3 \\ z_3 \\ 1 \end{bmatrix} \tag{5-23}$$

由上式推导知 $u_o = v_o = w_0 = w_1 = w_2 = w_3 = 0, u_1 = r$。

(5) 求圆弧角度 θ。由于在 MATLAB 中内部函数 Math.Atan2(x,y) 的求解范围在 $-180° \sim 180°$ 之间。则:

当 $v_3 > 0$ 时,则

$$\theta_3 = \mathrm{Atan2}(v_3, u_3), \quad \theta = \lambda\theta_3, \quad \begin{cases} v = r \times \sin\theta \\ u = r \times \cos\theta \\ w = 0 \end{cases} \quad (5\text{-}24)$$

(6)将插补结果返回到原坐标系中,设点 P 在原坐标系中坐标值为 (x,y,z),则有:

$$\begin{bmatrix} x \\ y \\ z \\ 1 \end{bmatrix} = \boldsymbol{T}_{\mathrm{R}} \begin{bmatrix} u \\ v \\ w \\ 1 \end{bmatrix} \quad (5\text{-}25)$$

由以上结果可以得到圆弧上各插补点的位置,各插补点的三个位姿角度可以各自按照位移曲线为抛物线过渡的线性函数求得。把每个插补点的位姿通过运动学逆解,就可以得到各插补点对应的关节角。

5.2 描述机械臂

ROS 平台提供了操作机械臂的众多资源,为了使用这些资源,建立 ROS 可以识别的机械臂描述是最重要的环节之一。本节将介绍如何在 ROS 平台上使用 URDF 描述 JuLab1 的机械臂。

1. URDF 模型图

首先要注意的是在 ROS 中使用的右手坐标系如图 5-4 所示,URDF 描述文件中的数据都是以此坐标系为基准。

2. JuLab1 机器人的 URDF 描述文件

JuLab1 的机械臂由一个滑轨、左臂和右臂组成。右臂与左臂的 URDF 描述类似。下面只给出 JuLab1 的滑轨、左臂的描述并给出调用 URDF 的方式。

1) JuLab1 的滑轨

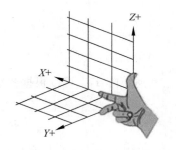

图 5-4 ROS 中使用右手坐标系

```
< robot
  name = "slider">
  < link
    name = "slider_link">                        // JuLab1 的滑轨
    < inertial >
      < origin
        xyz = " - 0.00360151716417467 3.64205452949018E - 09 0.0299999999677074"
        rpy = "0 0 0" />
      < mass
        value = "0.23160791066701" />
      < inertia
        ixx = "0.000945220644743642"
        ixy = " - 1.45954830897285E - 13"
        ixz = "2.7843364751832E - 13"
        iyy = "0.000299581592500915"
```

```xml
        iyz = " - 4.80914345363323E - 12"
        izz = "0.0010052721488718" />
    </inertial>
    <visual>
      <origin
        xyz = "0 0 0"
        rpy = "0 0 0" />
      <geometry>
        <mesh
          filename = "package://jbot_description/meshes/slider_link.stl" />
      </geometry>
      <material
        name = "">
        <color
          rgba = "0.666666666666667 0.698039215686274 0.768627450980392 1" />
      </material>
    </visual>
    <collision>
      <origin
        xyz = "0 0 0"
        rpy = "0 0 0" />
      <geometry>
        <mesh
          filename = "package://jbot_description/meshes/slider_link.stl" />
      </geometry>
    </collision>
  </link>
  <!-- link
    name = "link_right_arm_base" />
  <joint
    name = "joint_right_arm"
    type = "fixed">
    <origin
      xyz = " - 0.024519 0.089 0.03"
      rpy = " - 1.5708  - 1.502E - 16  - 1.3151E - 12" />
    <parent
      link = "slider_link" />
    <child
      link = "link_right_arm_base" />
    <axis
      xyz = "0 0 0" />
  </joint>
  <link
    name = "link_left_arm_base" />
  <joint
    name = "joint_left_arm"
    type = "fixed">
    <origin
      xyz = " - 0.024519  - 0.089 0.03"
      rpy = " - 1.5708 1.502E - 16 3.1416" />
    <parent
```

```xml
        link = "slider_link" />
      <child
        link = "link_left_arm_base" />
      <axis
        xyz = "0 0 0" />
  </joint -- >
</robot>
```

2）JuLab1 左臂

```xml
<robot
  name = "xbot_urdf">
  <link
    name = "arm_base_link_left">
    <inertial>
      <origin
        xyz = "6.5338E-05 -0.0025324 0.015476"
        rpy = "0 0 0" />
      <mass
        value = "0.088438" />
      <inertia
        ixx = "0.0001552"
        ixy = "1.1634E-07"
        ixz = "-5.1335E-08"
        iyy = "0.00012874"
        iyz = "1.1171E-06"
        izz = "0.00024065" />
    </inertial>
    <visual>
      <origin
        xyz = "0 0 0"
        rpy = "0 0 0" />
      <geometry>
        <mesh
          filename = "package://jbot_description/meshes/arm_base_link.stl" />
      </geometry>
      <material
        name = "">
        <color
          rgba = "0.75294 0.75294 0.75294 1" />
      </material>
    </visual>
    <collision>
      <origin
        xyz = "0 0 0"
        rpy = "0 0 0" />
      <geometry>
        <mesh
          filename = "package://jbot_description/meshes/arm_base_link.stl" />
      </geometry>
    </collision>
```

```xml
</link>
<link
  name="11">
  <inertial>
    <origin
      xyz="-0.00077221 0.02334 -0.0055117"
      rpy="0 0 0" />
    <mass
      value="0.035834" />
    <inertia
      ixx="1.7182E-05"
      ixy="3.5047E-07"
      ixz="-2.277E-07"
      iyy="1.8938E-05"
      iyz="2.2357E-06"
      izz="1.3961E-05" />
  </inertial>
  <visual>
    <origin
      xyz="0 0 0"
      rpy="0 0 0" />
    <geometry>
      <mesh
        filename="package://jbot_description/meshes/1.stl" />
    </geometry>
    <material
      name="">
      <color
        rgba="0.75294 0.75294 0.75294 1" />
    </material>
  </visual>
  <collision>
    <origin
      xyz="0 0 0"
      rpy="0 0 0" />
    <geometry>
      <mesh
        filename="package://jbot_description/meshes/1.stl" />
    </geometry>
  </collision>
</link>
<joint
  name="joint_11"
  type="revolute">
  <origin
    xyz="0 0 0.0318"
    rpy="1.5708 8.6288E-16 -0.045991" />
  <parent
    link="arm_base_link_left" />
  <child
    link="11" />
```

```xml
    <axis
      xyz="0 1 0" />
    <limit
      lower="-3.14"
      upper="3.14"
      effort="20"
      velocity="20" />
  </joint>
  <link
    name="21">
    <inertial>
      <origin
        xyz="0.0006496 0.051301 -1.952E-07"
        rpy="0 0 0" />
      <mass
        value="0.022419" />
      <inertia
        ixx="1.9754E-05"
        ixy="1.0595E-10"
        ixz="1.1322E-09"
        iyy="5.9619E-06"
        iyz="-6.1736E-12"
        izz="2.32E-05" />
    </inertial>
    <visual>
      <origin
        xyz="0 0 0"
        rpy="0 0 0" />
      <geometry>
        <mesh
          filename="package://jbot_description/meshes/2.stl" />
      </geometry>
      <material
        name="">
        <color
          rgba="0.75294 0.75294 0.75294 1" />
      </material>
    </visual>
    <collision>
      <origin
        xyz="0 0 0"
        rpy="0 0 0" />
      <geometry>
        <mesh
          filename="package://jbot_description/meshes/2.stl" />
      </geometry>
    </collision>
  </link>
  <joint
    name="joint_21"
    type="revolute">
```

```xml
<origin
  xyz="0 0.0361 0.00285"
  rpy="-0.023437 -0.00046536 -6.2233E-17" />
<parent
  link="11" />
<child
  link="21" />
<axis
  xyz="-1 0 0" />
<limit
  lower="-1.58"
  upper="1.58"
  effort="20"
  velocity="20" />
</joint>
<link
  name="31">
  <inertial>
    <origin
      xyz="-0.00142186041375823 0.0270328072928759 0.0388746037018501"
      rpy="0 0 0" />
    <mass
      value="0.0402663539085629" />
    <inertia
      ixx="4.4127560248108E-05"
      ixy="3.32854071731324E-08"
      ixz="4.94345468722361E-08"
      iyy="3.11398522692473E-05"
      iyz="-1.89138821688278E-05"
      izz="1.59894644311418E-05" />
  </inertial>
  <visual>
    <origin
      xyz="0 0 0"
      rpy="0 0 0" />
    <geometry>
      <mesh
        filename="package://jbot_description/meshes/3.stl" />
    </geometry>
    <material
      name="">
      <color
        rgba="0.752941176470588 0.752941176470588 0.752941176470588 1" />
    </material>
  </visual>
  <collision>
    <origin
      xyz="0 0 0"
      rpy="0 0 0" />
    <geometry>
      <mesh
```

```xml
          filename="package://jbot_description/meshes/3.stl"/>
      </geometry>
    </collision>
  </link>
  <joint
    name="joint_31"
    type="revolute">
    <origin
      xyz="0 0.1 0"
      rpy="-0.96799 0.00040606 -0.00010493"/>
    <parent
      link="21"/>
    <child
      link="31"/>
    <axis
      xyz="1 0 0"/>
    <limit
      lower="-1.58"
      upper="1.58"
      effort="20"
      velocity="20"/>
  </joint>
  <link
    name="41">
    <inertial>
      <origin
        xyz="0.00091287 0.036544 0.011001"
        rpy="0 0 0"/>
      <mass
        value="0.022861"/>
      <inertia
        ixx="7.1489E-06"
        ixy="-9.4993E-09"
        ixz="-4.0439E-08"
        iyy="6.6843E-06"
        iyz="-8.9393E-07"
        izz="6.2891E-06"/>
    </inertial>
    <visual>
      <origin
        xyz="0 0 0"
        rpy="0 0 0"/>
      <geometry>
        <mesh
          filename="package://jbot_description/meshes/4.stl"/>
      </geometry>
      <material
        name="">
        <color
          rgba="0.75294 0.75294 0.75294 1"/>
      </material>
```

```xml
      </visual>
      <collision>
        <origin
          xyz = "0 0 0"
          rpy = "0 0 0" />
        <geometry>
          <mesh
            filename = "package://jbot_description/meshes/4.stl" />
        </geometry>
      </collision>
    </link>
    <joint
      name = "joint_41"
      type = "revolute">
      <origin
        xyz = "-1.0631E-05 0.054066 0.07775"
        rpy = "0.96368 -0.00031664 -0.00027497" />
      <parent
        link = "31" />
      <child
        link = "41" />
      <axis
        xyz = "-1 0 0" />
      <limit
        lower = "-1.58"
        upper = "1.58"
        effort = "20"
        velocity = "20" />
    </joint>
    <link
      name = "51">
      <inertial>
        <origin
          xyz = "-0.000259827169187939 0.0471965828978234 -0.00215297665159428"
          rpy = "0 0 0" />
        <mass
          value = "0.0186733070086606" />
        <inertia
          ixx = "1.405111027373E-05"
          ixy = "-2.03721243160267E-07"
          ixz = "-1.14051477910584E-08"
          iyy = "5.9439442349666E-06"
          iyz = "9.41065401833358E-09"
          izz = "1.95798591545622E-05" />
      </inertial>
      <visual>
        <origin
          xyz = "0 0 0"
          rpy = "0 0 0" />
        <geometry>
          <mesh
            filename = "package://jbot_description/meshes/5.stl" />
        </geometry>
        <material
```

```xml
          name = "">
          <color
            rgba = "0.752941176470588 0.752941176470588 0.752941176470588 1" />
        </material>
      </visual>
      <collision>
        <origin
          xyz = "0 0 0"
          rpy = "0 0 0" />
        <geometry>
          <mesh
            filename = "package://jbot_description/meshes/5.stl" />
        </geometry>
      </collision>
    </link>
    <joint
      name = "joint_51"
      type = "revolute">
      <origin
        xyz = "0.00054953 0.051085 0"
        rpy = "4.2407E-07 0.00084911 9.1186E-06" />
      <parent
        link = "41" />
      <child
        link = "51" />
      <axis
        xyz = "0 1 0" />
      <limit
        lower = "-3.14"
        upper = "3.14"
        effort = "20"
        velocity = "20" />
    </joint>
</robot>
```

3) 调用 URDF

```xml
<launch>
  <arg
    name = "model" />
  <arg
    name = "gui"
    default = "true" />
  <param
    name = "robot_description"
    textfile = "$(find jbot_description)/urdf/jbot_description.urdf" />
  <param
    name = "use_gui"
    value = "$(arg gui)" />
  <node
    name = "joint_state_publisher"
```

```
    pkg = "joint_state_publisher"
    type = "joint_state_publisher" />
  <node
    name = "robot_state_publisher"
    pkg = "robot_state_publisher"
    type = "state_publisher" />
  <node
    name = "rviz"
    pkg = "rviz"
    type = "rviz"
    args = "-d $(find jbot_description)/urdf.rviz" />
</launch>
```

5.3　机械臂实例开发

本节以 JuLab1 的机械臂为本体分别介绍在仿真环境和实际环境的机械臂开发。JuLab1 的机械臂双臂臂展为 1 m，机械臂各关节由高精度数字舵机构成，机械臂单臂有效载荷为 100 g。首先在仿真环境下移动机器人、执行机械臂运动规划。本例采用的开发环境为 ROS Kinetic 版本。

5.3.1　仿真环境下实例开发

1. 移动 JuLab1 机器人

执行如下命令：

```
roslaunch jbot_bringup fake_jbot.launch rviz
rostopic pub -r 10 /cmd_vel geometry_msgs/Twist -- '[0.1,0,0]' '[0,0,-0.5]'
```

使用 Rviz 移动 JuLab 机器人示例如图 5-5 所示。

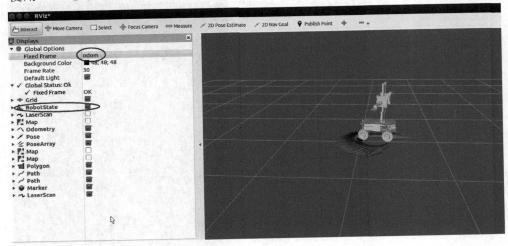

图 5-5　使用 Rviz 移动 JuLab1 机器人示例

2. 使 JuLab1 的机械臂按照规划路径运动

执行如下命令：

roslaunch jbot_arm_driver fake_jbot_arms_planning.launch

JuLab1 的机械臂移动效果如图 5-6 所示。

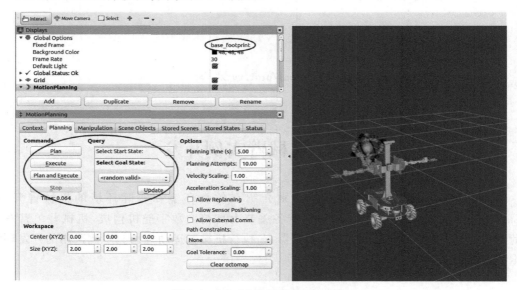

图 5-6　JuLab1 的机械臂移动效果

3. 移动 JuLab1 同时对 JuLab1 的机械臂做运动规划

执行如下命令：

roslaunch jbot_arm_driver fake_jbot_arms_planning.launch sim_diff_driver:=true

移动 JuLab1 机器人同时对 JuLab1 的机械臂做运动规划的效果如图 5-7 所示。

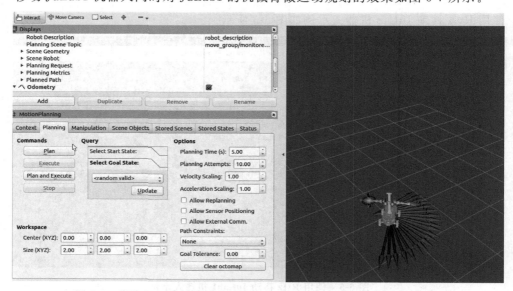

图 5-7　移动 JuLab1 机器人同时对 JuLab1 的机械臂做运动规划的效果

5.3.2 实际环境下实例开发

实际环境下,控制机械臂运动需要3个串口来识别机械臂。首先通过命令"ls /dev/ttyUSB*"查看是否有 ttyUSB_base_control、ttyUSB_left_arm、ttyUSB_right_arm 这3个USB 转串口设备,如果没有识别,重新插拔并重启。

1. 手柄控制机器人

执行如下命令:

```
sudo bash
rosrun ps3joy sixpair
rosrun ps3joy ps3joy.py
```

执行完上述命令后单击手柄上的 PS 键(16 按钮),等待屏幕上出现"Connection activated"表示连接成功,接着新开启一个控制端窗口,执行如下命令:

```
roslaunch jbot_control ps3_control.launch use_joy:=true
```

执行完上述命令后可以通过手柄控制机器人。手柄的俯视图、正视图、细节图如图 4-15 所示。相关功能如表 4-1 所示。

2. 键盘控制机器人移动

执行如下命令:

```
roslaunch jbot_control ps3_control.launch use_joy:=false
rosrun teleop_twist_keyboard teleop_twist_keyboard.py
```

按 z 键降低速度到 0.4 m/s 以下,按 i 键即可前进,其他按键功能见屏幕说明。左移和右移按 L 键和 J 键(注意是大写),小写表示旋转,k 键表示停止。注意,光标需要在当前屏幕上获得焦点。

3. 测试双臂运动

1) 单独测试双臂的运动

执行如下命令:

```
roscore
rosrun jbot_arm_driver jbot_arms_controller.py
```

上述命令测试机械臂双臂是否正常运动。命令执行效果为双臂分别按顺序运动3个关节。

2) 在 Rviz 下实时显示机械臂的运动

执行如下命令:

```
roslaunch jbot_arm_driver jbot_arms_test_move.launch
```

命令执行效果为 Rviz 中机械臂运动后,Rviz 控制的 JuLab1 机器人也会跟着一起动。

3) 机械臂的运动规划

执行如下命令:

```
roslaunch jbot_arm_driver jbot_arms_planning.launch
```

命令执行效果为在 MotionPlanning 上单击 Update 按钮,更新一个目标位姿,单击 Plan 按钮,规划一次路径,单击 Execute 按钮,执行一次运动规划。开发环境和对应仿真效果如图 5-8 所示。

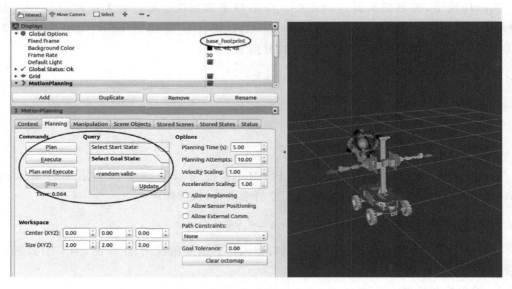

图 5-8　开发环境和对应仿真效果

4）测试滑块上下运动

先连接 PS,执行如下命令:

```
roslaunch jbot_control ps3_control.launch use_joy:=true sim:=false
rosrun jbot_arm_driver jbot_arm_driver.py
```

按一下 START 键,推动摇杆 3 向上或者向下,可以观测到滑竿向上或者向下运动。或者发送对应的 topic 也可以实现滑竿的上下运动,消息如下:

```
Rostopic pub /slider_states std_msgs/Int16 -- 1001    向上运动
Rostopic pub /slider_states std_msgs/Int16 -- 1002    停止运动
Rostopic pub /slider_states std_msgs/Int16 -- 1003    向下运动
```

4. 手柄控制 JuLab1 机械臂

(1) 连接蓝牙,执行如下命令:

```
rosrun ps3joy ps3joy.py
```

(2) 发布 joy 参数,执行如下命令:

```
roscore
rosrun joy joy_node
```

(3) 发布运行驱动,执行如下命令:

```
rosrun jbot_arm_driver jbot_arms_driver.py
```

根据表 4-1 的说明,分别控制对应的关节,实现对应的关节运动。

第 6 章 机器人视觉

机器人视觉主要实现将客观世界中三维物体经由传感器(如摄像机)转变为二维的平面图像,再经图像处理,输出该物体的图像。通常机器人判断物体位置和形状需要两类信息,即距离信息和明暗信息。色彩信息也属于物体视觉信息,但对判断物体位置和形状不是非常重要。机器人视觉系统对光线的依赖性很大,需要好的照明条件,以便使物体所形成的图像清晰。好的照明条件可以使机器人视觉检测信息增强,克服阴影、低反差、镜反射等问题。机器人视觉的应用领域有以下几方面:

(1) 为机器人的动作控制提供视觉反馈。例如识别工件,确定工件的位置和方向。为机器人的运动轨迹的自适应控制提供视觉反馈。

(2) 移动机器人的视觉导航。利用视觉信息跟踪路径,检测障碍物,识别路标确定机器人所在方位。

(3) 代替或帮助人工控制产品质量。

本章主要介绍机器人视觉中常用的 OpenCV。本章内容包括基于 OpenCV 绘制图像和视频的基础,ROS 与 OpenCV 之间的图像转换,常用机器人 3D 视觉驱动及安装。由于 ROS2 的视觉接口部分功能尚不完善,以下机器人视觉基于 ROS Kinetic 开发。

6.1 OpenCV 图像、视频基础

本节主要介绍图像处理、视频处理、HighGUI 等内容。

6.1.1 图像处理

1. OpenCV 的命名空间

OpenCV 中的 C++类和函数都是定义在命名空间 cv 之内的,有两种方法可以访问。第一种是在代码开头的适当位置加上 using namespace cv;另外一种是在使用 OpenCV 类和函数时都加入 cv::命名空间。

```
#include<opencv2/core/core.hpp>
#include<opencv2/highgui/highgui.hpp>
using namespace cv;
```

2. Mat 类型

cv::Mat 类是用于保存图像以及其他矩阵数据的数据结构。默认情况下,其尺寸为 0,也可以指定初始尺寸。例如 cv::Mat M(480,640,CV_8UC3)表示定义了一个 480 行 640 列的矩阵,"CV_8UC3"表示矩阵的每个单元都由 3 个 8 位无符号整型构成。还可以预先自创建图片,再将图像载入到 Mat 类型。例如预先创建图片 ros2.jpg,再执行 Mat myMat=imread("ros2.jpg")从工程目录下把 ros2.jpg 图像载入到 Mat 类型的 myMat 变量中。

3. 图像的载入和显示

使用 imread 函数载入图像,imread 函数的原型如下:

```
Mat imread(const string& filename, int flags = 1);
```

第一个参数是 const string& 类型的 filename,表示需要载入的图片路径。OpenCV 的 imread 函数支持如下类型的图像:

JPEG 文件:*.jpeg、*.jpg、*.jpe;

JPEG2000 文件:*.jp2;

PNG 图片:*.png;

便携文件格式:*.pbm、*.pgm、*.ppm;

Sunrasters 光栅文件:*.sr、*.ras;

TIFF 文件:*.tiff、*.tif。

第二个参数是 int 类型的 flags,表示载入标识,它指定一幅加载图像的颜色类型,默认值 1。这个参数在调用时可以忽略,表示载入 3 通道的彩色图像。参数 flags 也可以在 OpenCV 标识图像格式的枚举体中取值,这个枚举体在 higui_c.h 的定义如下:

```
enum
{
/* 8bit,color or not */
CV_LOAD_IMAGE_UNCHANGED =-1,
/* 8bit,gray */
CV_LOAD_IMAGE_GRAYSCALE = 0,
/* ?,color */
CV_LOAD_IMAGE_COLOR = 1,
/* anydepth,? */
CV_LOAD_IMAGE_ANYDEPTH = 2,
/* ?,anycolor */
CV_LOAD_IMAGE_ANYCOLOR = 4
};
```

相应枚举值的解释如下:

CV_LOAD_IMAGE_UNCHANGED,这个标识在新版本中被废置了,可忽略。

CV_LOAD_IMAGE_ANYDEPTH,表示若载入的图像深度为 16 位或者 32 位,就返回对应深度的图像,否则,就转换为 8 位图像再返回。

CV_LOAD_IMAGE_COLOR,表示将图像转换成彩色图像。

CV_LOAD_IMAGE_GRAYSCALE,表示将图像转换成灰度值为 1 的图像。

若标志位有冲突的情况,则采用较易满足的标志位。例如 CV_LOAD_IMAGE_

COLOR 与 CV_LOAD_IMAGE_ANYCOLOR 同时存在,则将载入 3 通道图。如果想要载入最真实的图像,选择 CV_LOAD_IMAGE_ANYDEPTH 或者 CV_LOAD_IMAGE_ANYCOLOR。flags 是 int 型的变量,还可以通过如下方式赋值:

flags>0,返回一个 3 通道的彩色图像。

flags=0,返回灰度图像。

flags<0,返回包含 Alpha 通道的图像。

6.1.1.1 载入图像

分别介绍加载一幅图片和加载两幅图片的示例。

1. 加载一幅图片

下面示例通过设置参数来加载图片,代码如下:

```
#include "stdafx.h"
#include "highgui.h"
int main(int argc, char * * argv)
{
    IplImage * pImg;                          //声明 IplImage 指针
    //载入图像
    if(argc == 2&&(pImg = cvLoadImage(argv[1],1))!= 0)
    //cvLoadImage(filename, -1)默认读取图像的原通道数; cvLoadImage(filename, 0)强制转化
    读取图像为灰度图; cvLoadImage(filename, 1)读取彩色图
    {
        cvNamedWindow("Image", 1);            //创建窗口
        cvShowImage("Image", pImg);           //显示图像
        cvWaitKey(0);                         //等待按键
        cvDestroyWindow("Image");             //销毁窗口
        cvReleaseImage(&pImg);                //释放图像
        return 0;
    }
    return -1;                                //此处如果加载图片不成功,则会出现窗口一闪即消失的情况
}
```

下面示例通过文件路径直接加载图片,代码如下:

```
int main()
{
    //预先准备 test1.jpg,将文件放在目录 C:\ProgramFiles\OpenCV\samples\
    IplImage * Image1 = cvLoadImage("C:\\ProgramFiles\\OpenCV\\samples\\test1.jpg",0);
    //创建显示窗体
    cvNamedWindow("Image1", 1);
    cvShowImage("Image1", Image1);
    cvWaitKey(0);
cvDestroyWindow("Image1");                    //销毁窗口
    cvReleaseImage(&Image1);                  //释放图像
    return 0;
}
```

2. 加载两幅图片

下面示例通过设置参数来加载图片,代码如下:

```
#include "stdafx.h"
#include "highgui.h"
int main(int argc,char * * argv)
{
    IplImage * pImg1;
    IplImage * pImg2;                          //声明 IplImage 指针
    //载入图像
    if(argc == 3&&(pImg1 = cvLoadImage(argv[1],1))!= 0&&(pImg2 = cvLoadImage(argv[2],1))!= 0)
                                               //3 个参数
    {
        cvNamedWindow("Image1",1);             //创建窗口
        cvShowImage("Image1",pImg1);           //显示图像
        cvNamedWindow("Image2",1);             //创建窗口
        cvShowImage("Image2",pImg2);           //显示图像
        cvWaitKey(0);                          //等待按键
        cvDestroyWindow("Image1");             //销毁窗口
        cvReleaseImage(&pImg1);                //释放图像
        cvDestroyWindow("Image2");             //销毁窗口
        cvReleaseImage(&pImg2);                //释放图像
        return 0;
    }
    return -1;                                 //如果加载图片不成功,则会出现窗口一闪即消失的情况
}
```

下面示例通过文件路径直接加载图片,代码如下:

```
int main()
{
    //加载两幅图片 test.jpg, test2.jpg
    IplImage * Image1 = cvLoadImage("C:\\ProgramFiles\\OpenCV\\samples\\test1.jpg", 0);
    IplImage * Image2 = cvLoadImage("C:\\ProgramFiles\\OpenCV\\samples\\test2.jpg", 0);
    //创建窗体显示
    cvNamedWindow("Image1", 1);
    cvNamedWindow("Image2", 1);
    cvShowImage("Image1", Image1);
    cvShowImage("Image2", Image2);
    cvWaitKey(0);                              //后面省掉了销毁窗口释放图像的代码,对运行没有影响
}
```

6.1.1.2 图像处理

1. 图像处理主要步骤

图像处理是指对图像进行去除噪声、增强、复原、分割、提取特征等处理的方法和技术。图像处理技术主要包括图像变换、图像编码压缩、图像增强和复原、图像分割、图像描述、图像分类。

1) 图像变换

由于表示图像的矩阵很大,直接在空间域中进行处理计算量很大。因此,往往采用各种图像变换的方法,如傅里叶变换、沃尔什变换、离散余弦变换等间接处理技术,将空间域的处理转换为变换域处理,不仅可减少计算量,而且可获得更有效的处理(如傅里叶变换可在频

域中进行数字滤波处理）。小波变换在时域和频域中都具有良好的局部化特性，在图像处理中也有着广泛而有效的应用。

2）图像编码压缩

图像编码压缩技术可减少描述图像的数据量（即比特数），以便节省图像传输和处理时间，减少图像占用的存储器容量。压缩图像需要在允许的失真条件下进行。编码是压缩技术中最重要的方法，在图像处理技术中是发展最早且比较成熟的技术。

3）图像增强和复原

图像增强和复原的目的是为了提高图像的质量，去除噪声，提高图像的清晰度等。图像增强是突出图像中所感兴趣的部分，如强化图像高频分量，可使图像中物体轮廓清晰，细节明显；强化低频分量可减少图像中噪声影响。图像复原要求对图像降质的原因有一定的了解，应根据降质过程建立"降质模型"，再采用某种滤波方法，恢复或重建原来的图像。

4）图像分割

图像分割是数字图像处理中的关键技术之一。图像分割是将图像中有意义的特征部分提取出来，是进一步进行图像识别、分析和理解的基础。虽然目前已研究出不少图像分割方法，如边缘提取、区域分割方法，但还没有一种普遍适用于各种图像的有效方法。因此图像分割是目前图像处理中研究的热点之一。

5）图像描述

图像描述是图像识别和理解的必要前提。一般图像的描述方法采用二维形状描述，包括边界描述和区域描述两类方法。对于特殊的纹理图像可采用二维纹理特征描述。对于三维物体描述可采用体积描述、表面描述、广义圆柱体描述等方法。

6）图像分类（识别）

图像分类（识别）属于模式识别的范畴，其主要内容是图像经过某些预处理（增强、复原、压缩）后，进行图像分割和特征提取，从而进行判决分类。图像分类常采用经典的模式识别方法，有统计模式分类和句法（结构）模式分类，近年来新发展起来的模糊模式识别和人工神经网络模式分类在图像识别中也越来越受到重视。

2. 图像表示

1）二值图像

一幅二值图像的二维矩阵仅由 0、1 两个值构成，"0"代表黑色，"1"代表白色。由于每一像素（矩阵中每一元素）取值仅有 0、1 两种可能，所以计算机中二值图像的数据类型通常为 1 个二进制位。二值图像通常用于文字、线条图的扫描识别（OCR）和掩膜图像的存储。

2）灰度图像

灰度图像矩阵元素的取值范围通常为[0,255]。因此其数据类型一般为 8 位无符号整数。灰度图像的"0"表示纯黑色，"255"表示纯白色，中间的数字从小到大表示由黑到白的过渡色。在某些软件中，灰度图像也可以用双精度数据类型（double）表示，像素的值域为[0,1]，0 代表黑色，1 代表白色，0 到 1 之间的小数表示不同的灰度等级。二值图像可以看成是灰度图像的一个特例。

3）索引图像

索引图像的文件结构比较复杂，除了存放图像的二维矩阵外，还包括一个称之为颜色索引矩阵 MAP 的二维数组。MAP 的大小由存放图像的矩阵元素值域决定，如矩阵元素值域为[0,255]，则 MAP 矩阵的大小为 256×3，用 MAP＝[RGB]表示。MAP 中每一行的三个元素分别指定该行对应颜色的红、绿、蓝单色值，MAP 中每一行对应图像矩阵像素的一个灰度值，如某一像素的灰度值为 64，则该像素就与 MAP 中的第 64 行建立了映射关系，该像素在屏幕上的实际颜色由第 64 行的[RGB]组合决定。也就是说，图像在屏幕上显示时，每一像素的颜色由存放在矩阵中该像素的灰度值作为索引通过检索颜色索引矩阵 MAP 得到。索引图像的数据类型一般为 8 位无符号整型，相应索引矩阵 MAP 的大小为 256×3，因此一般索引图像只能同时显示 256 种颜色，但通过改变索引矩阵，颜色的类型可以调整。索引图像的数据类型也可采用双精度浮点型（double）。索引图像一般用于存放色彩要求比较简单的图像，如 Windows 中色彩构成比较简单的壁纸多采用索引图像存放，如果图像的色彩比较复杂，就要用到 RGB 真彩色图像。

4）RGB 彩色图像

RGB 图像与索引图像一样都可以用来表示彩色图像。与索引图像一样，它分别用红（R）、绿（G）、蓝（B）三原色的组合来表示每个像素的颜色。但与索引图像不同的是，RGB 图像每一个像素的颜色值（由 RGB 三原色表示）直接存放在图像矩阵中，由于每一像素的颜色需由 R、G、B 三个分量来表示，M、N 分别表示图像的行列数，三个 M×N 的二维矩阵分别表示各个像素的 R、G、B 三个颜色分量。RGB 图像的数据类型一般为 8 位无符号整型，通常用于表示和存放真彩色图像，当然也可以存放灰度图像。

数字化图像数据有两种存储方式：位图存储（bitmap）和矢量存储（vector），通常是以图像分辨率（即像素点）和颜色数来描述数字图像。例如一幅分辨率为 640×480，16 位色的数字图片，就由 2^{16}＝65536 种颜色的 307200（640×480）个像素点组成。

5）位图图像

位图方式是将图像的每一个像素点转换为一个数据，当图像是单色（只有黑白二色）时，8 个像素点的数据只占据一个字节；16 色（区别于前段"16 位色"）的图像每两个像素点用一个字节存储；256 色图像每一个像素点用一个字节存储。这样就能够精确地描述各种不同颜色模式的图像。位图图像弥补了矢量式图像的缺陷，它能够制作出色彩和色调变化丰富的图像，可以逼真地表现自然界的景象，同时也可以很容易地在不同软件之间交换文件；但是位图图像无法制作真正的 3D 图像，并且图像缩放和旋转时会产生失真的现象，同时文件较大，对内存和硬盘空间容量的要求也较高。

6）矢量图像

矢量图像存储的是图像信息的轮廓部分，而不是图像的每一个像素点。例如，一个圆形图案只要存储圆心的坐标位置和半径长度，以及圆的边线和内部的颜色即可。该存储方式的缺点是经常耗费大量的时间做一些复杂的分析演算工作，图像的显示速度较慢；但图像缩放不会失真；图像的存储空间也要小得多。所以，矢量图适用于图形设计、文字设计和一些标志设计、版式设计。

3．OpenCV 图像处理基本操作

1）基本数据类型

OpenCV 以逆序的方式来存储红、绿、蓝 3 个通道分量，还可以使用透明度（alpha），在 OpenCV 里可以使用 img.channels（ ）获取图像通道个数。

存储一幅图像的每个像素的位数，称为图像的深度，灰度图像为 8 位，即 0～255 个灰度级，可以用 img.depth( ) 获得图像的深度，其返回值可为以下类型：

```
CV_8U,8bit unsigned integers(0..255)
CV_8S,8bit signed integers(-128..127)
CV_16U,16bit unsigned integers(0..65535)
CV_16S,16bit signed integers(-32768..32767)
CV_32S,32bit signed integers(-2147483648..2147483647)
CV_32F,32bit floating-point numbers(-FLT_MAX..FLT_MAX,INF,NAN)
CV_64F,64bit floating-point numbers(-DBL_MAX..DBL_MAX,INF,NAN)
```

对于灰度图像和彩色图像，最常见的是 CV_8U。

2）像素级访问

第一种方法：模板函数 at <>

```
Uchar pixel = img.at<uchar>(0,0);        //获得灰度图像(0,0)点像素
Vec3b pixel = img.at<Vec3B>(0,0);        //获得3波段图像的第一个波段(0,0)点像素
```

第二种方法：通过函数 ptr 返回图像特定行的指针，可以得到每一行的数据，时间复杂度降低。与第二种方法相比较，第一种方法效率不高，且必须定位到所在的位置。下面代码展示获取一幅彩色图像的每个像素值。

```
uchar R, G, B;
for(int i = 0; i < img.rows; i++)        //遍历行
Vec3b pixRow = img.ptr<Vec3b>(i);
for(int j = 0; j < img.cols; j++){       //遍历**列**
B = pixRow[j][0];
G = pixRow[j][1];
R = pixRow[j][2];
}
```

下面代码测量程序用时：

```
Double to = (double)getTickCount();
elapsed = ((double)getTickCount() - to)/getTickFrenquency();
```

图像位运算函数 bitwise_and( ) 通过掩码处理一幅图像，bitwise_and( ) 的函数说明如下所示：

```
Void bitwise_and(InputArray src1, InputArray src2, OutputArray dst, InputArray mask = noArray())
```

其中，src1 是原始的图像，src2 是掩码，dst 是输出。

bitwise_and( ) 示例如下所示：

```
#include <opencv2\opencv.hpp>
#include <iostream>
using namespace cv;
using namespace std;
int main() {
Mat img = imread("cute.jpg", 1);
if(img.empty())
cout <<"can not load image"<< endl;
```

```
    imshow("Origin", img);
    Mat mask(img.rows, img.cols, CV_8UC3, Scalar(0, 0, 0));
    circle(mask, Point(img.rows/2, img.cols/2 - 35), 220, Scalar(255, 255, 255), -1); //画
一个圆
    imshow("Mask", mask);
    //执行位操作
    Matr;
    bitwise_and(img, mask, r);
    imshow("Bit_and", r);
    waitKey(0);
    return 0;
}
```

4. 使用 OpenCV 合并两幅图

将 Windows 视窗与 Linux 视窗两幅图像以线性组合的方式合并成一幅图像,准备合并的两幅图像的大小应该相同。设 $g(x)=(1-a)f_0(x)+af_1(x)g(x)$ 为生成的矩阵,$f_0(x)$,$f_1(x)$ 为要合并的两个矩阵。a 为尺度。用到的函数原型如下所示:

```
void addWeighted(InputArray src1, double alpha, InputArray src2, double beta, double gamma, OutputArray dst, int dtype = -1)
```

将 Windows 视窗与 Linux 视窗两幅图像以线性组合的方式合并成一幅图像的代码如下所示:

```
#include <opencv2/core.hpp>
#include <opencv2/imgcodecs.hpp>
#include <opencv2/highgui.hpp>
#include <iostream>
#include <string>
Using namespace cv;
Using namespace std;
int main(int argc, char ** argv)
{
    double alpha = 0.5; double beta; double input;
    Mat src1, src2, dst;
    //输入 alpha
    std::cout <<"Simple Linear Blender"<< std::endl;
    std::cout <<" ------------------------ "<< std::endl;
    std::cout <<" * Enter alpha[0 - 1]:";
    std::cin >> input;
    ///alpha 是用户输入的 0 和 1 之间的任意数
    if(input >= 0.0&&input <= 1.0)
    alpha = input;
    //Read image(samesize, sametype)
    src1 = imread("LinuxLogo.jpg");
    src2 = imread("WindowsLogo.jpg");
    if(!src1.data){printf("Error loading src1\n"); return -1;}
    if(!src2.data){printf("Error loading src2\n"); return -1;}
    ///创建窗口
    namedWindow("LinearBlend", 1);
```

```
        beta = (1.0 - alpha);
        addWeighted(src1, alpha, src2, beta, 0.0, dst);
        imshow("LinearBlend", dst);
        waitKey(0);
        return 0;
}
```

改变图像的对比度和亮度的代码如下所示：

```
    int main(int argc, char** argv)
    {
    double alpha;                            /**<Simple contrast control*/
    int beta;                                /**<Simple brightness control*/
    ///读取图片
    Mat image = imread("ros2.jpg");
    Mat new_image = Mat::zeros(image.size(), image.type());   //复制原始图片大小、类型
    ///初始化
    std::cout<<"Basic Linear Transforms"<<std::endl;
    std::cout<<" -------------------------- "<<std::endl;
    std::cout<<"* Enter the alpha value[1.0-3.0]:";
    std::cin>>alpha;
    std::cout<<"* Enter the beta value[0-100]:";
    std::cin>>beta;
    //执行 new_image(i,j) = alpha*image(i,j) + beta
for(int y = 0; y < image.rows; y++){
for(int x = 0; x < image.cols; x++){
  for(int c = 0; c < 3; c++){
    new_image.at<Vec3b>(y,x)[c] = saturate_cast<uchar>(alpha*(image.at<Vec3b>(y,x)[c]) + beta);
    //saturate_cast 确认值的合法性.
        }
       }
     }
    namedWindow("OriginalImage", 1);
    namedWindow("NewImage", 1);
    imshow("OriginalImage", image);
    imshow("NewImage", new_image);
    waitKey();
    return 0;
    }
```

可以用函数 image.convertTo(new_image, -1, alpha, beta)来代替 for 循环，提升效率。

6.1.2 视频处理

视频图像是连续的静态图像的序列，视频图像可更为形象生动地描述客观事物。视频图像处理即基于图像处理算法对视频图像进行处理。视频中包含的信息量要远远大于图片，对视频的处理分析逐渐成为计算机视觉的主流，视频本质上是由一帧帧的图像组成，所

以视频处理最终还是要归结为图像处理,但在视频处理中,有更多的时间维的信息需要考虑。常见视频格式如下:

1. AVI

AVI 是音频视频交错(audio video interleaved)的英文缩写,它是微软(Microsoft)公司开发的一种符合 RIFF 文件规范的数字音频与视频文件格式。

2. MPEG

MPEG 文件格式是运动图像压缩算法的国际标准,它采用有损压缩方法减少运动图像中的冗余信息,同时保证每秒 30 帧的图像动态刷新率,已被几乎所有的计算机平台共同支持。MPEG 标准包括 MPEG 视频、MPEG 音频和 MPEG 系统(视频、音频同步)三个部分。MPEG 的平均压缩比为 50∶1,最高可达 200∶1,压缩效率非常高,同时图像和音响的质量也非常好。

3. RealVideo

RealVideo 文件是 RealNetworks 公司开发的一种新型流式视频文件格式,它包含在 RealNetworks 公司所制定的音频视频压缩规范 RealMedia 中,主要用来在低速率的广域网上实时传输活动视频影像,可以根据网络数据传输速率的不同而采用不同的压缩比率,从而实现影像数据的实时传送和实时播放。

4. QuickTime

QuickTime 是苹果(Apple)计算机公司开发的一种音频、视频文件格式,用于保存音频和视频信息,具有先进的视频和音频功能。QuickTime 文件格式支持 25 位彩色,支持 RLE、JPEG 等领先的集成压缩技术,提供 150 多种视频效果,并配有提供了 200 多种 MIDI 兼容音响和设备的声音装置。国际标准化组织(ISO)选择 QuickTime 文件格式作为开发 MPEG4 规范的统一数字媒体存储格式。

5. ASF/WMV

微软(Microsoft)公司推出的高级流格式(Advanced Streaming Format,ASF)也是一个在互联网上实时传播多媒体的技术标准。

6.1.2.1 从摄像机读入数据

借助 HighGUI 实现读入数据。OpenCV 中的 HighGUI 模块可分析从磁盘中读入的视频文件。HighGUI 使得摄像机视频文件看起来像一个图像序列,当需要处理摄像机视频文件时,首先需要从摄像机获得图像序列。从摄像头读取数据的示例如下所示:

```
# include "highgui.h"
# include "cv.h"                         //从摄像头中读入数据
int main(int argc, char * * argv)
{
cvNamedWindow("Example1", CV_WINDOW_AUTOSIZE);
CvCapture * capture;                    //初始化一个 CvCapture 结构的指针
if(argc == 1)
{
capture = cvCaptureFromCAM(0);   //如果参数为 1,则从摄像头中读入数据,并返回一个 CvCapture
                                 的指针
}
else
```

```
{
    capture = cvCreateFileCapture(argv[1]);
}
assert(capture!= NULL);    //通过assert检查capture是否为空指针,capture为空指针时程序退
出,并打印错误消息
IplImage * frame;
while(1)
{
frame = cvQueryFrame(capture);   //用于将下一帧视频文件载入内存,即填充或更新CvCapture结
构,返回一个对应当前帧的指针
if(!frame)
 break;
 cvShowImage("Example1", frame);
 char c = cvWaitKey(33);
if(c == 27) break;                 //按Esc键退出循环,停止读入数据
}
cvReleaseCapture(&capture);        //释放内存
cvDestroyWindow("Example1");
}
```

6.1.2.2 写入视频文件

借助 HighGUI 实现写入视频文件。OpenCV 提供了一个简洁的方法实现将输入视频流写入文件。OpenCV 的 cvCreateVideoWriter() 创建一个写入设备,以便逐帧将视频流写入视频文件。通过调用 cvWriteFrame() 逐帧将视频流写入文件。写入结束后,调用 cvReleaseVideoWriter() 释放资源。以下程序首先打开一个视频文件,读取文件内容,将每一帧图像转换为对数极坐标格式,最后将转化后的图像序列写入新的视频文件中。以下代码实现读入一个彩色视频文件,将该文件转换为灰度格式输出。

```
//将视频转换为灰度格式
//argv[1]: 输入的视频文件
//argv[2]: 输出的新文件名称
#include "cv.h"
#include "highgui.h"
main(int argc, char * argv[]){
CvCapture * capture = 0;
capture = cvCreateFileCapture(argv[1]);
if(!capture){
return -1;
}
IplImage * bgr_frame = cvQueryFrame(capture);    //初始化对video的读操作
double fps = cvGetCaptureProperty(capture, CV_CAP_PROP_FPS);
CvSize size = cvSize(
(int)cvGetCaptureProperty(capture, CV_CAP_PROP_FRAME_WIDTH),
(int)cvGetCaptureProperty(capture, CV_CAP_PROP_FRAME_HEIGHT)
);
CvVideoWriter * writer = cvCreateVideoWriter(argv[2], CV_FOURCC('M','J','P','G'), fps, size);
IplImage * logpolar_frame = cvCreateImage(size, IPL_DEPTH_8U, 3);
while((bgr_frame = cvQueryFrame(capture))!= NULL){
cvLogPolar(bgr_frame, logpolar_frame,
```

```
          cvPoint2D32f(bgr_frame->width/2, bgr_frame->height/2), 40, CV_INTER_LINEAR + CV_WARP_FILL
          _OUTLIERS);
          cvWriteFrame(writer, logpolar_frame);
      }
      cvReleaseVideoWriter(&writer);
      cvReleaseImage(&logpolar_frame);
      cvReleaseCapture(&capture);
      return(0);
  }
```

上述代码首先打开一个视频文件；通过 cvQueryFrame( )函数读入视频；然后，使用 cvGetCaptureProperty( )获得视频流的各种重要属性，并将各帧图像转换为对数极坐标格式，然后将转换后的图像逐帧写入视频文件。最后释放各种资源，结束程序。

函数 cvCreateVideoWriter(argv[2], CV_FOURCC('M','J','P','G'), fps, size)的第一个参数指定新建视频文件的名称。第二个参数指定视频压缩的编码格式，本例中字符参数 CV_FOURCC('M','J','P','G')包含 4 个字符参数，这 4 个字符构成了编解码器的"4 字标记"。参数"fps"指定播放的帧率。参数"size"指定播放视频图像的大小，通常设置成原始视频文件的图像大小。

6.1.3 可移植的图形工具包 HighGUI

HighGUI 是一个可以移植的图形工具包。OpenCV 将与操作系统、文件系统、摄像机等硬件进行交互的部分函数纳入 HighGUI(high-level graphical user interface)库。通过 HighGUI 可以方便地打开窗口，显示图像，读出或者写入图像文件，处理简单的鼠标、光标和键盘事件。HighGUI 甚至可以创建一些很有用的控件并把它们加入窗口。HighGUI 可以在 MFC、Qt、WinForms、Cocoa 等平台下使用。

HighGUI 可以分为 3 部分：硬件相关部分、文件系统部分以及图形用户界面部分。

(1) 硬件相关部分最主要的功能就是操作摄像机，在大多数操作系统下，与摄像机交互是一件很复杂并且很痛苦的工作。HighGUI 提供了一种从摄像机中获取图像的简单方法。

(2) 文件系统部分的主要功能是载入和保存图像文件。HighGUI 读取摄像机视频的方法与读入视频文件的方法相同。HighGUI 提供了一对函数来读入与保存图像，这两个函数根据文件名的后缀自动完成所有编码和解码工作。

(3) 图形用户界面(Graphical User Interface，GUI)，HighGUI 提供一些简单的函数用来打开窗口以及在窗口中显示图像。HighGUI 也提供了为窗口加入鼠标、键盘的方法。

下面简要介绍用 HighGUI 创建窗口、快速拖动功能。

1. 创建窗口

使用函数 cvNamedWindow( )将一幅图像显示在屏幕上。这个函数的定义如下所示：

```
int cvNamedWindow(Const char * name, int flags = CV_WINDOW_AUTOSIZE);
```

该函数接受两个参数，第一个参数用来表示窗口的名字，就是给新建的窗口命名，窗口的名字显示在窗口的顶部，HighGUI 的其他函数根据窗口名字调用该窗口。第二个参数是一个标志，用来表示窗口大小是否需要自动适应读入的图像大小。第二个参数只有两个值，一个是 0，另一个是保持默认设置 CV_WINDOW_AUTOSIZE，取"0"表示窗口的大小不能自动调整。函数 cvDestroyWindow( ) 可以释放窗口，这个函数接受字符串类型的参数，即窗口的名字。在 OpenCV 中，窗口的引用是根据名字而不是句柄。句柄和窗口名字之间的转换由 HighGUI 在后台处理。

HighGUI 支持窗口名称与句柄进行转换。转换函数的声明如下所示：

```
Void * cvGetWindowHandle(const char * name);
Const char * cvGetWindowName(void * window_handle);
```

HighGUI 提供了调整窗口大小的 cvResizeWindow( ) 函数，该函数的声明如下所示：

```
void cvResizeWindow(Const char * name, int width, int height);
```

HighGUI 提供了移动窗口的 cvMoveWindow(const char * name, int x, int y) 函数，其中参数 name 是窗口的名字；参数 x 表示窗口左上角的 x 坐标；参数 y 表示窗口左上角的 y 坐标。

2. HighGUI 快速拖动功能

OpenCV 播放视频的实质就是循环地读取视频中的每一帧，然后按照一定的播放速度顺序地显示每一帧图像。当需要停止播放视频时，只需要跳出循环即可。HighGUI 的滚动条可以实现从视频的一帧跳到另外一帧，完成视频播放时的快速拖动功能。在 main 函数中调用一个名为 onTrackbarSlide 的回调函数。具体代码分析如下：

```
#include "stdafx.h"
#include "cv.h"
#include <cxcore.h>
#include <highgui.h>
//设置全局变量，一个为滚动条的位置。回调函数需要用到的变量 cvCapture 是全局变量
int g_slider_position = 0;                //变量带前缀有 g_, 代表 global 类型的变量
CvCapture * g_capture = NULL;
//回调函数，滚动条拖动时被调用参数是滚动条的位置(整数)，此函数可以设置 cvCapture 对象的属性
void onTrackbarSlide(int pos){
cvSetCaptureProperty( g_capture, CV_CAP_PROP_POS_FRAMES, pos);
}
//main 函数
int_t main(int argc,_TCHAR * argv[ ]){
cvNamedWindow("Video", CV_WINDOW_AUTOSIZE);
//只分配一帧的存储空间，此时指针指向 avi 的开头空间。需预先在项目目录下生成 "myvideo.avi"
g_capture = cvCreateFileCapture("myvideo.avi");
int frames = (int)cvGetCaptureProperty(g_capture, CV_CAP_PROP_FRAME_COUNT);  //获取视频的全部帧数 frames
//创建滚动条
if(frames!= 0){
cvCreateTrackbar("Position", "Video", &g_slider_position, frames, onTrackbarSlide);
//"Position" 为滚动条名称，"Video" 为所属窗口, onTrackbarSlide 表示当滚动条拖动时被触发
}
IplImage * frame;
while(1){                                 //进入 while 循环就开始读取 avi 文件
```

```
    frame = cvQueryFrame(g_capture);     //将下一帧视频文件载入内存,返回一个对应当前帧的指针,
不同于 cvLoadImage 为图像分配内存,cvQueryFrame 使用已经在 cvCapture 结构中分配好的内存
    if(!frame)   break;
    cvShowImage("Video", frame);
    char c = cvWaitKey(24);              //显示每一帧之间有 24 ms 的间隔
    if(c == 27) break;                   //如果在这间隔期间用户触发 Esc 按键,循环就退出,否则继续执行循环
    }
    cvReleaseCapture(&g_capture);
    cvDestroyWindow("Video");
    return 0;
}
```

6.2 图像转换

本节介绍用 C++ 语言实现 ROS 和 OpenCV 之间的图像转换。vision_opencv 提供了 ROS 与 OpenCV 库交互接口,vision_opencv 提供如下几个包:①cv_bridge 包是 ROS 和 OpenCV 消息之间的桥梁;②image_geometry 包是处理图像和像素的方法集合。使用 vision_opencv 需要添加对 OpenCV2 的依赖,对其进行引用的代码如下所示:

```
find_package(OpenCV)
include_directories( ${OpenCV_INCLUDE_DIRS})
target_link_libraries(my_awesome_library ${OpenCV_LIBRARIES})
```

如果使用 OpenCV3 则需要添加一个对 OpenCV3 的依赖。注意不能同时依赖 OpenCV3 和 OpenCV2,否则容易产生冲突。如果同时安装了 OpenCV2 和 OpenCV3,将优先调用 OpenCV3。如果不想使用 OpenCV3,但也不希望删除 OpenCV3,可以使用如下命令:

```
find_package(OpenCV2 REQUIRED)
```

cv_bridge 包的 CvBridge 库实现 ROS 图像与 OpenCV 图像之间的转换,图像间转换过程的示意图如图 6-1 所示。在 ROS 内部,图像以 ROS Image Message,即 sensor_msgs/Image 消息格式传输,ROS 的 CvBridge 库是 OpenCV 和 ROS 之间转换图像的接口。

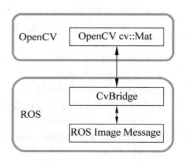

图 6-1　ROS 和 OpenCV 之间的图像转换示意图

1. ROS 图像转换为 CvImage 类型数据

CvBridge 可实现加密 ROS sensor_msgs/Image 消息,并将其转换为多种 CvImage 模式。同时 CvBridge 定义了 CvImage 类型用于存储 OpenCV 图像。

```
namespace cv_bridge {
class CvImage
{
public:
    std_msgs::Header header;
```

```cpp
    std::string encoding;
    cv::Mat image;
};
typedef boost::shared_ptr< CvImage > CvImagePtr;
typedef boost::shared_ptr< CvImage const > CvImageConstPtr;
}
```

CvBridge 将 ROS sensor_msgs/Image 转换为 CvImage 分为如下两种情况：①在修改 ROS 数据前复制 ROS 消息数据；②不修改 ROS 数据，由 ROS 消息分享数据。

将 ROS 图像信息转换为 CvImage 的函数如下：

```cpp
// 情况 1：复制 ROS 消息并返回一个 CvImage 类型的变量
CvImagePtr toCvCopy(const sensor_msgs::ImageConstPtr& source,
                    const std::string& encoding = std::string());
CvImagePtr toCvCopy(const sensor_msgs::Image& source,
                    const std::string& encoding = std::string());

// 情况 2：共享 ROS 消息，返回 CvImage 类型的常量
CvImageConstPtr toCvShare(const sensor_msgs::ImageConstPtr& source,
                          const std::string& encoding = std::string());
CvImageConstPtr toCvShare(const sensor_msgs::Image& source,
                          const boost::shared_ptr< void const >& tracked_object,
                          const std::string& encoding = std::string());
```

无论源地址、目的地址是否一致，toCvCopy 复制 ROS 消息中图像信息。当源地址和目的地址一致时，toCvShare 指向 ROS 消息中的 cv::Mat，不复制 ROS 消息中的 cv::Mat。CvImage 与 ROS 共享图像信息时，ROS 图像信息内容是无法被改动的。如果没有明确指定加密方式，将采用与原 ROS 消息相同的加密方式。图像加密方式可以是以下任何一种：8UC[1-4]、8SC[1-4]、16UC[1-4]、16SC[1-4]、32SC[1-4]、32FC[1-4]、64FC[1-4]。

2. CvImage 转换为 ROS 图像消息

使用 toImageMsg( ) 将 CvImage 转换为 ROS 图像消息的代码如下所示：

```cpp
class CvImage
{
    sensor_msgs::ImagePtr toImageMsg() const;
    void toImageMsg(sensor_msgs::Image& ros_image) const;
};
```

3. ROS 消息转换为 OpenCV 图像示例

实现一个监听 ROS 图像信息，并将接收到的 ROS 图像信息转换为 cv::Mat 格式，调用 OpenCV 展示接收的 ROS 图像信息，然后修改图像信息并通过 ROS 消息发布。

在 ROS 节点对应的 package.xml 和 CMakeLists.xml 中增加如下依赖关系：

```
sensor_msgs
cv_bridge
roscpp
std_msgs
image_transport
```

在 /src 文件夹创建 image_converter.cpp,代码如下所示:

```cpp
#include <ros/ros.h>
#include <image_transport/image_transport.h>    //引入 image_transport 用于订阅、发布压缩图像流
#include <cv_bridge/cv_bridge.h>
#include <sensor_msgs/image_encodings.h>        //引入 CvBridge 所需的头文件、常量、函数
#include <opencv2/imgproc/imgproc.hpp>
#include <opencv2/highgui/highgui.hpp>
static const std::string OPENCV_WINDOW = "Image window";
class ImageConverter
{
  ros::NodeHandle nh_;
  image_transport::ImageTransport it_;
  image_transport::Subscriber image_sub_;
  image_transport::Publisher image_pub_;
public:
  ImageConverter()
    : it_(nh_)
  {
    //使用 image_transport 订阅、发布图像主题
    image_sub_ = it_.subscribe("/camera/image_raw", 1,
      &ImageConverter::imageCb, this);
    image_pub_ = it_.advertise("/image_converter/output_video", 1);
    //创建或者销毁展示窗口
    cv::namedWindow(OPENCV_WINDOW);
  }
  ~ImageConverter()
  {
    cv::destroyWindow(OPENCV_WINDOW);
  }
    //在订阅的回调函数中,首先将 ROS 图像信息转换为 CvImage 类型,然后使用 toCvCopy( )复制
    图像信息,参数 sensor_msgs::image_encodings::BGR8 表示 BGR8 编码,/BGR8 编码的误码非常低
  void imageCb(const sensor_msgs::ImageConstPtr& msg)
  {
    cv_bridge::CvImagePtr cv_ptr;
    try
    {
      cv_ptr = cv_bridge::toCvCopy(msg, sensor_msgs::image_encodings::BGR8);
    }
    catch (cv_bridge::Exception& e)
    {
      ROS_ERROR("cv_bridge exception: %s", e.what());
      return;
    }
    // 在视频流上标记一个圆圈并展示
    if (cv_ptr->image.rows > 60 && cv_ptr->image.cols > 60)
      cv::circle(cv_ptr->image, cv::Point(50, 50), 10, CV_RGB(255,0,0));
    // 刷新 GUI 视窗
    cv::imshow(OPENCV_WINDOW, cv_ptr->image);
    cv::waitKey(3);
    //输出更改后的视频流
```

```
    image_pub_.publish(cv_ptr->toImageMsg());
  }
};
int main(int argc, char** argv)
{
  ros::init(argc, argv, "image_converter");
  ImageConverter ic;
  ros::spin();
  return 0;
}
```

4. 共享图像数据

共享图像数据需要判断接收消息的编码格式，如果接收的消息格式是 BGR8 编码的，cv_ptr 将不复制数据，如果是可转换的编码，例如 MONO8，CvBridge 将为 cv_ptr 分配新的缓存并转换。如果输入信息的编码格式不能被支持或者输入信息有错误，则节点有可能崩溃。共享图像数据的代码如下所示：

```
namespace enc = sensor_msgs::image_encodings;
void imageCb(const sensor_msgs::ImageConstPtr& msg)
{
  cv_bridge::CvImageConstPtr cv_ptr;
  try
  {
    cv_ptr = cv_bridge::toCvShare(msg, enc::BGR8);   // 使用 OpenCV 处理图像
  }
  catch (cv_bridge::Exception& e)
  {
    ROS_ERROR("cv_bridge exception: %s", e.what());
    return;
  }
}
```

6.3 机器人 3D 视觉

本节主要介绍常用机器人 3D 视觉驱动库 libfreenect2、openni_camera、openni_tracker。

6.3.1 libfreenect2 简介

libfreenect2 是 Kinect v2 设备的开源跨平台驱动程序。

1. libfreenect2 模块

libfreenect2 的主要模块划分如下所示：
Frame Listeners：接收解码的图像帧以及帧格式。
Initialization and Device Control：发现、打开、控制 Kinect v2 设备。
Logging utilities：指定日志级别以及客户日志存储地址。

Packet Pipelines：基于不同性能和平台支持解码颜色、景深图像。
Registration and Geometry：在色彩中标注景深，创建点云。

2. 环境变量

LIBFREENECT2_LOGGER_LEVEL：默认的日志级别。

LIBFREENECT2_PIPELINE：默认的管道。

LIBFREENECT2_RGB_TRANSFER_SIZE：默认 RGB 传输缓存大小。

LIBFREENECT2_RGB_TRANSFERS：默认 RGB 传输缓存。

LIBFREENECT2_IR_PACKETS：红外图包。

LIBFREENECT2_IR_TRANSFERS：红外图的默认传输缓存。

3. libfreenect2 示例

1）引用头文件

```
#include <libfreenect2/libfreenect2.hpp>
#include <libfreenect2/frame_listener_impl.h>
#include <libfreenect2/registration.h>          // registration.h, logger.h 可选
#include <libfreenect2/packet_pipeline.h>
#include <libfreenect2/logger.h>
```

2）创建客户日志

创建客户日志，并设置日志的存放地址，代码如下所示：

```
#include <fstream>
#include <cstdlib>
class MyFileLogger: public libfreenect2::Logger
{
private:
std::ofstream logfile_;
public:
MyFileLogger(const char *filename)
    {
    if (filename)
      logfile_.open(filename);
      level_ = Debug;
    }
    bool good()
    {
        return logfile_.is_open() && logfile_.good();
    }
    virtual void log(Level level, const std::string &message)   //注意在log()函数中实现线程安全
    { logfile_ << "[" << libfreenect2::Logger::level2str(level) << "] " << message << std::endl;
}
    };
    MyFileLogger *filelogger = new MyFileLogger(getenv("LOGFILE"));
    if (filelogger->good())
        libfreenect2::setGlobalLogger(filelogger);
    else
        delete filelogger;
```

3）发现设备并初始化

发现并初始化设备，代码如下所示：

```cpp
//设备用到的数据结构
libfreenect2::Freenect2 freenect2;
libfreenect2::Freenect2Device * dev = 0;
libfreenect2::PacketPipeline * pipeline = 0;
//枚举所有的 Kinect v2 设备
if(freenect2.enumerateDevices( ) == 0)
{
 std::cout << "no device connected!" << std::endl;
 return -1;
}
 if (serial == "")
 {
    serial = freenect2.getDefaultDeviceSerialNumber();
 }
pipeline = new libfreenect2::CpuPacketPipeline();
```

4）打开并配置设备

使用 pipeline 打开设备，代码如下所示：

```cpp
dev = freenect2.openDevice(serial, pipeline);
//打开 pipeline 后,将 Framelisteners 注册到设备,监听收到的图像帧
int types = 0;
if (enable_rgb)
types |= libfreenect2::Frame::Color;
if (enable_depth)
types |= libfreenect2::Frame::Ir | libfreenect2::Frame::Depth;
libfreenect2::SyncMultiFrameListener listener(types);
//SyncMultiFrameListener 将一直等到所有声明的帧都收到
libfreenect2::FrameMap frames;
dev->setColorFrameListener(&listener);
dev->setIrAndDepthFrameListener(&listener);
```

5）启动设备

在查询设备任何信息之前，必须启动设备，代码如下所示：

```cpp
if (enable_rgb && enable_depth)
{
if (!dev->start())
 return -1;
    }
else
{
  if (!dev->startStreams(enable_rgb, enable_depth))
  return -1;
    }
     std::cout << "device serial: " << dev->getSerialNumber() << std::endl;
     std::cout << "device firmware: " << dev->getFirmwareVersion() << std::endl;
   // 通过 getIrCameraParams( )获取景深校准参数
```

```
            libfreenect2::Registration * registration = new libfreenect2::Registration(dev->
getIrCameraParams(), dev->getColorCameraParams());
            libfreenect2::Frame undistorted(512, 424, 4), registered(512, 424, 4);
```

6）接收图像帧

循环地获取图像帧，代码如下所示：

```
while(!protonect_shutdown && (framemax == (size_t)-1 || framecount < framemax))
{
if (!listener.waitForNewFrame(frames, 10*1000)) // 10 sconds
{
std::cout << "timeout!" << std::endl;
return -1;
}
libfreenect2::Frame * rgb = frames[libfreenect2::Frame::Color];
libfreenect2::Frame * ir = frames[libfreenect2::Frame::Ir];
libfreenect2::Frame * depth = frames[libfreenect2::Frame::Depth];
waitForNewFrame()     //阻塞，直到所有的帧都接收到。接收到全部帧后可以通过帧类
//获取每个帧内容
registration->apply(rgb, depth, &undistorted, &registered);
    //释放帧
listener.release(frames);
}
    //停止设备
dev->stop();
dev->close();
    //暂停设备
    //注意暂停设备期间需要确保waitForNewFrame()线程安全
if (protonect_paused)
devtopause->start();
else
devtopause->stop();
protonect_paused = !protonect_paused;
```

6.3.2　openni_camera 简介

openni_camera 是一种用于 OpenNI 深度相机和 RGB 相机的 ROS 驱动程序。openni_camera 支持微软 Kinect、PrimeSense PSDK、ASUS Xtion Pro/Pro Live、openni_camera 等设备。openni_camera 可发布原始景深、RGB 和 IR 图像流。

6.3.2.1　安装

安装 openni_camera，执行如下命令：

```
sudo apt-get install ros-<rosdistro>-openni-camera
```

推荐安装 openni_launch，执行如下命令：

```
sudo apt-get install ros-<rosdistro>-openni-launch
```

从 PPA 下载并安装驱动，执行如下命令：

```
sudo add-apt-repository ppa:yani/iatsl
sudo apt-get update
```

6.3.2.2 ROS 的 openni_camera API

在 ROS 中定义 openni_node 节点,发布主题,提供服务。

1. 发布主题

1) RGB 相机

rgb/camera_info (sensor_msgs/CameraInfo):相机校准和元数据。

rgb/image_raw(sensor_msgs/Image):从设备获取的原始图像。图像的格式是 Kinect 的 Bayer GRBG。

2) 景深相机

当且仅当~depth_registration 取 false,即 OpenNI registration disable 可发布。

depth/camera_info(sensor_msgs/CameraInfo):相机校准和元数据。

depth/image_raw(sensor_msgs/Image):从设备获取原始图像,用 16 位无符号整型表示景深,单位是毫米(mm)。

当~depth_registration 取 true,直接由驱动发布景深相机。

depth_registered/camera_info(sensor_msgs/CameraInfo):已注册相机校准和元数据。

depth_registered/image_raw(sensor_msgs/Image):从已注册设备获取原始图像,用 16 位无符号整型表示景深,单位是毫米(mm)。

3) 红外照相机

ir/camera_info(sensor_msgs/CameraInfo):相机校准和元数据。

ir/image_raw(sensor_msgs/Image):16 位无符号整型表示的 IR 图像。

4) 红外投影仪

projector/camera_info(sensor_msgs/CameraInfo):红外投影仪的模拟校准与景深相机一致。

2. 服务

rgb/set_camera_info (sensor_msgs/SetCameraInfo):设置 RGB 相机校准。

ir/set_camera_info (sensor_msgs/SetCameraInfo):设置红外相机校准。

3. 参数解释

openni_camera 中可识别及标识打开设备的模式参数解释如表 6-1 所示。

表 6-1 可识别及标识打开设备的模式

识别模式	解释
#1	使用第一个发现的设备
2@3	使用在 USB 总线 2,地址是 3 的设备
B0036770722704B	使用给定序列号的设备

~rgb_frame_id(string, default:/openni_rgb_optical_frame):RGB 相机的 tf 帧。

~depth_frame_id(string, default:/openni_depth_optical_frame):红外/景深相机的 tf 帧。

~rgb_camera_info_url(string, default: file://${ROS_HOME}/camera_info/${NAME}.yaml): RGB相机的URL校准。默认在ROS根路径执行校准。

~depth_camera_info_url(string, default: file://${ROS_HOME}/camera_info/${NAME}.yaml): 红外线/景深相机的URL校准。

~time_out(double): 如果设置,每隔~time_out标记的时间,检查激活状态的相机是否有新数据流。

~image_mode(int, default: 2): 图像输出模式的色彩/灰度: SXGA_15Hz (1) 1280×1024@15Hz, VGA_30Hz (2) 640×480@30Hz, VGA_25Hz (3) 640×480@25Hz, QVGA_25Hz (4) 320×240@25Hz, QVGA_30Hz (5) 320×240@30Hz, QVGA_60Hz (6) 320×240@60Hz, QQVGA_25Hz (7) 160×120@25Hz, QQVGA_30Hz (8) 160×120@30Hz, QQVGA_60Hz (9) 160×120@60Hz。

~depth_mode(int, default: 2): 景深输出模式的取值: SXGA_15Hz (1) 1280×1024@15Hz, VGA_30Hz (2) 640×480@30Hz, VGA_25Hz (3) 640×480@25Hz, QVGA_25Hz (4) 320×240@25Hz, QVGA_30Hz (5) 320×240@30Hz, QVGA_60Hz (6) 320×240@60Hz, QQVGA_25Hz (7) 160×120@25Hz, QQVGA_30Hz (8) 160×120@30Hz, QQVGA_60Hz (9) 160×120@60Hz。

~depth_registration(bool, default false): 景深数据配准。

~depth_time_offset(double, default: 0.0): 景深图像的时间偏移值,单位为秒,取值范围: -1.0~1.0。

~image_time_offset(double, default: 0.0): 图像偏移时间,取值范围: -1.0~1.0。

~depth_ir_offset_x(double, default: 5.0): 红外和景深图像的X轴偏移值范围: -10.0~10.0。

~depth_ir_offset_y(double, default: 4.0): 红外和景深图像的Y轴偏移值范围: -10.0~10.0。

~z_offset_mm(int, default: 0): Z轴偏移值(mm),范围: -50~50。

6.3.3 openni_tracker简介

ROS的openni_tracker即骨架追踪。骨架追踪流程如下:
(1) 注册检测到人和人消失的回调函数。
(2) 注册检测姿势,校准开始,结束回调函数。
(3) 判断是否需要检测特定姿势,是否支持该功能。
(4) 获取姿势的名字("psi")。
(5) 设置骨架轮廓配置。
(6) 启动所有生成器节点。
(7) 等待所有节点有新的数据可用。期间执行相应的回调函数。检测到用户,开始姿势检测。姿势检测到之后开始校准。校准成功,开始追踪,失败则重新检测姿势。
(8) tf转换,在Rviz中显示。运行openni_tracker。编译完成后,启动openni camera:
$ roslaunch handsfree_bringup xtion_fake_laser_openni2.launch,在另一个终端中运行

rosrun openni_tracker openni_tracker。

启动 Rviz：rosrun rviz rviz -d rospack find rbx1_vision/skeleton_frames.rviz。将 Fixed Frame 改为程序中定义的 xtion_depth_frame。站在摄像头前方，摆出姿势，1~5 s 之后，会出现与姿势对应的关节点图。

程序代码如下所示：

```
// openni_tracker.cpp
#include <ros/ros.h>
#include <ros/package.h>
#include <tf/transform_broadcaster.h>
#include <kdl/frames.hpp>
#include <XnOpenNI.h>
#include <XnCodecIds.h>
#include <XnCppWrapper.h>
using std::string;
xn::Context        g_Context;
xn::DepthGenerator g_DepthGenerator;
xn::UserGenerator  g_UserGenerator;
XnBool g_bNeedPose   = false;             //初始化,false = 0,是否指定特定的姿势
XnChar g_strPose[20] = "";                //姿势的名字
    //检测到人
void XN_CALLBACK_TYPE User_NewUser(xn::UserGenerator& generator, XnUserID nId, void* pCookie) {
    ROS_INFO("New User %d,g_bNeedPose = %d", nId,g_bNeedPose);
    //此时 g_bNeedPose = true; g_strPose = psi;
    if (g_bNeedPose)
        //检测特定的用户姿势,此时 UserPose_PoseDetected 回调函数执行
        g_UserGenerator.GetPoseDetectionCap().StartPoseDetection(g_strPose, nId);
    else
        g_UserGenerator.GetSkeletonCap().RequestCalibration(nId, true);
}
    //检测不到人
void XN_CALLBACK_TYPE User_LostUser(xn::UserGenerator& generator, XnUserID nId, void* pCookie) {
    ROS_INFO("Lost user %d", nId);
}
    //开始校准
void XN_CALLBACK_TYPE UserCalibration_CalibrationStart(xn::SkeletonCapability& capability, XnUserID nId, void* pCookie) {
    ROS_INFO("Calibration started for user %d", nId);
}
    //校准结束
void XN_CALLBACK_TYPE UserCalibration_CalibrationEnd(xn::SkeletonCapability& capability, XnUserID nId, XnBool bSuccess, void* pCookie) {
    if (bSuccess) {                               //校准成功,开始追踪骨架
        ROS_INFO("Calibration complete, start tracking user %d", nId);
        g_UserGenerator.GetSkeletonCap().StartTracking(nId);
    }
    else {                                        //失败,重新开始检测姿势
        ROS_INFO("Calibration failed for user %d", nId);
```

```cpp
        if (g_bNeedPose)
g_UserGenerator.GetPoseDetectionCap().StartPoseDetection(g_strPose, nId);
        else
                g_UserGenerator.GetSkeletonCap().RequestCalibration(nId, true);
            //取值为true则忽略以前的校准以强制进一步校准
    }
}
    //检测姿势
void XN_CALLBACK_TYPE UserPose_PoseDetected(xn::PoseDetectionCapability& capability, XnChar
const* strPose, XnUserID nId, void* pCookie) {
    ROS_INFO("Pose %s detected for user %d", strPose, nId);
    g_UserGenerator.GetPoseDetectionCap().StopPoseDetection(nId);
    //开始校准
    g_UserGenerator.GetSkeletonCap().RequestCalibration(nId, true);
}
    //tf 转换
void publishTransform(XnUserID const& user, XnSkeletonJoint const& joint, string const& frame_
id, string const& child_frame_id) {
    static tf::TransformBroadcaster br;
    XnSkeletonJointPosition joint_position;
     //特定关节的位置,包含全局坐标和置信度
     //获取最近生成的用户的骨架关节位置
    g_UserGenerator.GetSkeletonCap().GetSkeletonJointPosition(user, joint, joint_
position);
    double x = -joint_position.position.X / 1000.0;
    double y = joint_position.position.Y / 1000.0;
    double z = joint_position.position.Z / 1000.0;
    XnSkeletonJointOrientation joint_orientation;
    //特定关节的方向,包含方向和置信度
    //获取特定关节的方向
    g_UserGenerator.GetSkeletonCap().GetSkeletonJointOrientation(user, joint, joint_
orientation);
    XnFloat* m = joint_orientation.orientation.elements;
    KDL::Rotation rotation(m[0], m[1], m[2],
                           m[3], m[4], m[5],
                           m[6], m[7], m[8]);
    double qx, qy, qz, qw;
    //获取此矩阵的四元数
    rotation.GetQuaternion(qx, qy, qz, qw);
    char child_frame_no[128];
    snprintf(child_frame_no, sizeof(child_frame_no), "%s_%d", child_frame_id.c_str(),
user);
    tf::Transform transform;
    //设置平移元素
    transform.setOrigin(tf::Vector3(x, y, z));
    //通过四元数设置旋转元素
    transform.setRotation(tf::Quaternion(qx, -qy, -qz, qw));
    // #4994 基准点(摄像头位置)
    tf::Transform change_frame;
    change_frame.setOrigin(tf::Vector3(0, 0, 0));
    tf::Quaternion frame_rotation;
```

```cpp
        frame_rotation.setEulerZYX(1.5708, 0, 1.5708);
        change_frame.setRotation(frame_rotation);
        transform = change_frame * transform;
        br.sendTransform(tf::StampedTransform(transform, ros::Time::now(), frame_id, child_frame_no));
}
void publishTransforms(const std::string& frame_id) {
    XnUserID users[15];
    XnUInt16 users_count = 15;
    g_UserGenerator.GetUsers(users, users_count);
    for (int i = 0; i < users_count; ++i) {
        XnUserID user = users[i];
        //
        if (!g_UserGenerator.GetSkeletonCap().IsTracking(user))
            continue;
        publishTransform(user, XN_SKEL_HEAD, frame_id, "head");
        publishTransform(user, XN_SKEL_NECK, frame_id, "neck");
        publishTransform(user, XN_SKEL_TORSO, frame_id, "torso");
        publishTransform(user, XN_SKEL_LEFT_SHOULDER, frame_id, "left_shoulder");
        publishTransform(user, XN_SKEL_LEFT_ELBOW, frame_id, "left_elbow");
        publishTransform(user, XN_SKEL_LEFT_HAND, frame_id, "left_hand");
        publishTransform(user, XN_SKEL_RIGHT_SHOULDER, frame_id, "right_shoulder");
        publishTransform(user, XN_SKEL_RIGHT_ELBOW, frame_id, "right_elbow");
        publishTransform(user, XN_SKEL_RIGHT_HAND, frame_id, "right_hand");
        publishTransform(user, XN_SKEL_LEFT_HIP, frame_id, "left_hip");
        publishTransform(user, XN_SKEL_LEFT_KNEE, frame_id, "left_knee");
        publishTransform(user, XN_SKEL_LEFT_FOOT, frame_id, "left_foot");
        publishTransform(user, XN_SKEL_RIGHT_HIP, frame_id, "right_hip");
        publishTransform(user, XN_SKEL_RIGHT_KNEE, frame_id, "right_knee");
        publishTransform(user, XN_SKEL_RIGHT_FOOT, frame_id, "right_foot");
    }
}
#define CHECK_RC(nRetVal, what)                                             \
    if (nRetVal != XN_STATUS_OK)                                            \
    {                                                                       \
        ROS_ERROR("%s failed: %s", what, xnGetStatusString(nRetVal));       \
        return nRetVal;                                                     \
    }else{                                                                  \
        ROS_INFO("%s OK: %s", what, xnGetStatusString(nRetVal))   ;         \
    }
int main(int argc, char **argv) {
    ros::init(argc, argv, "openni_tracker");
    ros::NodeHandle nh;
    //配置文件的路径
    string configFilename = ros::package::getPath("openni_tracker") + "/openni_tracker.xml";
    ROS_INFO("configName == %s", configFilename.c_str());
    XnStatus nRetVal = g_Context.InitFromXmlFile(configFilename.c_str());
    CHECK_RC(nRetVal, "InitFromXml");
    /*搜索指定类型的现有已创建节点并返回其引用。
     * 参数1：指定搜索的类型
```

```
   * 参数 2：现有已创建节点的引用
   */
nRetVal = g_Context.FindExistingNode(XN_NODE_TYPE_DEPTH, g_DepthGenerator);
CHECK_RC(nRetVal, "Find depth generator");

nRetVal = g_Context.FindExistingNode(XN_NODE_TYPE_USER, g_UserGenerator);
if (nRetVal != XN_STATUS_OK) {
    nRetVal = g_UserGenerator.Create(g_Context);
    if (nRetVal != XN_STATUS_OK) {
        ROS_ERROR("NITE is likely missing: Please install NITE >= 1.5.2.21. Check the readme for download information. Error Info: User generator failed: %s", xnGetStatusString(nRetVal));
        return nRetVal;
    }
}
if (!g_UserGenerator.IsCapabilitySupported(XN_CAPABILITY_SKELETON)) {
    ROS_INFO("Supplied user generator doesn't support skeleton");
    return 1;
}
XnCallbackHandle hUserCallbacks;
/*"新用户"和"失去用户"事件的注册。
  参数：User_NewUser，检测到新用户回调函数
  参数：User_LostUser，检测到失去用户回调函数
*/
g_UserGenerator.RegisterUserCallbacks(User_NewUser, User_LostUser, NULL, hUserCallbacks);

XnCallbackHandle hCalibrationCallbacks;

/*注册校准开始和结束事件
  * 参数：UserCalibration_CalibrationStart，校准开始回调函数
  * 参数：UserCalibration_CalibrationEnd，校准结束回调函数
  */
g_UserGenerator.GetSkeletonCap().RegisterCalibrationCallbacks(UserCalibration_CalibrationStart, UserCalibration_CalibrationEnd, NULL, hCalibrationCallbacks);
    //是否需要对特定姿势进行校准
if (g_UserGenerator.GetSkeletonCap().NeedPoseForCalibration()) {
    ROS_INFO("g_bNeedPose = true");
    //此处将g_bNeedPose赋值1；
    g_bNeedPose = true;
    //是否支持特殊姿势校准
    if (!g_UserGenerator.IsCapabilitySupported(XN_CAPABILITY_POSE_DETECTION)) {
        ROS_INFO("Pose required, but not supported");
        return 1;
    }
    XnCallbackHandle hPoseCallbacks;
    /*注册检测姿势事件
     * 第一个参数：UserPose_PoseDetected 开始检测姿势回调函数
     * 第二个参数：检测姿势结束回调函数
     * */
g_UserGenerator.GetPoseDetectionCap().RegisterToPoseCallbacks(UserPose_PoseDetected, NULL,
```

```
              NULL, hPoseCallbacks);

                  ROS_INFO("NAME1 == %s",g_strPose);
                  /* *
                   * 此方法仅在 NeedPoseForCalibration()返回 true 时使用,
                   * 并且返回姿势名称
                   */
                  g_UserGenerator.GetSkeletonCap().GetCalibrationPose(g_strPose);
                  ROS_INFO("NAME2 == %s",g_strPose);
              }
          /*
            * 设置骨架轮廓。骨架配置文件指定哪些关节处于活动状态,哪些关节处于非活动状态
            * UserGenerator 节点仅为活动关节生成输出数据
            * 此配置文件适用于@ref UserGenerator 节点生成的所有骨架。
            * 参数:指定要设置的配置文件
            * 配置文件作用是使程序能够选择生成所有关节,还是只生成部分关节。
            * 使用 SetJointActive()方法选择配置文件,使其具有更好的识别率。
            */
          g_UserGenerator.GetSkeletonCap().SetSkeletonProfile(XN_SKEL_PROFILE_ALL);
              //确保所有创建的@ref dict_gen 节点正在生成数据
          nRetVal = g_Context.StartGeneratingAll();
          CHECK_RC(nRetVal, "StartGenerating");
           ros::Rate r(30);
                ros::NodeHandle pnh("~");
                string frame_id("xtion_depth_frame");
                pnh.getParam("camera_frame_id", frame_id);
           while (ros::ok()) {
              /*将上下文中的所有生成器节点更新,
               * 等待所有节点有新的数据可用。
               */
              g_Context.WaitAndUpdateAll();
              publishTransforms(frame_id);
              r.sleep();
          }
            g_Context.Shutdown();
           return 0;
      }
      </xncppwrapper.h></xncodecids.h></xnopenni.h></kdl></tf></ros></ros>
```

6.3.4 3D 视觉设备使用实例

下面以使用 JuLab1 的 3D 视觉设备为例,介绍 3D 视觉设备使用方法。JuLab1 机器人采用奥比中光的深度相机,可采集环境的深度信息然后进行物体识别、环境建模。相对于传统 2D 相机,3D 相机能够更好地对真实世界进行描述,3D 相机可应用在许多领域,如自动驾驶、物体识别、分拣等。

1. 驱动安装

1) 安装依赖

执行如下命令：

```
$ sudo apt-get install build-essential freeglut3 freeglut3-dev
```

检查 udev 版本，需要 libudev.so.1，如果没有则添加。

```
$ ldconfig -p | grep libudev.so.1
$ cd /lib/x86_64-linux-gnu
$ sudo ln -s libudev.so.x.x.x libudev.so.1
```

2) 下载驱动

选择 Linux 版本，执行如下命令：

```
$ cd ~
$ wget http://www.orbbec3d.net/Tools_SDK_OpenNI/2-Linux.zip
```

解压 2-Linux.zip，选择相应的系统版本解压 OpenNI-Linux 包，将包复制到相应的 ROS 工作空间的 src 目录下。

3) 安装

进入之前解压的 OpenNI-Linux 包，执行如下命令：

```
$ sudo chmod a+x install.sh
$ sudo ./install.sh
```

插入设备 Orbbec Astra pro

4) 加载环境

执行如下命令：

```
$ source OpenNIDevEnvironment
```

5) 编译例子

执行如下命令：

```
$ cd Samples/SimpleViewer
$ make
```

6) 连接设备

执行如下命令：

```
$ cd Bin/x64-Release
$ ./SimpleViewer
```

7) 安装 astra_camera 和 astra_launch 的 ROS 包

执行如下命令：

```
$ sudo apt-get install ros-kinetic-astra-camera ros-kinetic-astra-launch
```

8) 测试

先启动 roscore，然后新打开一个控制终端执行如下命令：

```
$ roslaunch astra_launch astra.launch
```

使用 Rviz 查看 or rqt_image_view。在 Rviz 下添加 image 选择相应的话题。

Orbbec Astra pro 支持 UVC 的 3D 模组，需要安装 libuvc 和 libuvc_ros，才可以获取 RGB 信息。

安装 libuvc，执行如下命令：

```
$ cd ~   $ git clone https://github.com/ktossell/libuvc
$ cd libuvc
$ mkdir build
$ cd build
$ cmake ..
$ make && sudo make install
```

安装 libuvc_ros，执行如下命令：

```
$ cd ~/当前 ROS 工作空间/src
$ git clone https://github.com/ktossell/libuvc_ros
$ cd ..
$ catkin_make
  //如果 catkin_make 报错，需要重新检查 libusb.h 的位置。
$ sudo cp /usr/include/libusb-1.0/libusb.h /usr/local/include/libuvc/
```

启动 roscore 后，执行如下命令：

```
$ rosrun libuvc_camera camera_node
```

打开 Rviz 用 image 查看相应的 RGB 话题，如图 6-2 所示。

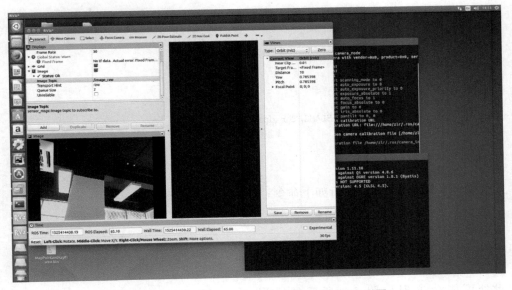

图 6-2　打开 Rviz 用 image 查看相应的 RGB 话题

2. 视觉数据转激光数据

执行 Roslaunch jbot_vision 3d_camera_to_laser.launch 即可获取激光数据。

3. 搭建 ORB SLAM2 环境并建立三维模型

(1) 安装 Boost,执行如下命令:

```
$ sudo apt-get install libboost-all-dev
```

(2) 安装 Pangolin,执行如下命令:

```
$ sudo apt-get install libglew-dev        #安装 glew
$ sudo apt-get install cmake              #安装 CMake
$ sudo apt-get install libboost-dev libboost-thread-dev libboost-filesystem-dev
#安装 Boost
$ sudo apt-get install libpython2.7-dev   #安装 Python2,Python3
```

(3) 下载、编译、安装 Pangolin,执行如下命令:

```
$ cd~/当前工作空间/src
$ git clone https://github.com/stevenlovegrove/Pangolin.git
$ cd Pangolin
$ mkdir build
$ cmake -DCPP11_NO_BOOST=1 .
$ make
$ sudo make install
```

(4) 下载 ORB_SLAM2 ROS 包,执行如下命令:

```
$ cd~ /当前工作空间/src
$ git clone https://github.com/raulmur/ORB_SLAM2.git ORB_SLAM2
```

(5) 编译 DBoW2,执行如下命令:

```
$ cd~ /当前工作空间/src/ORB_SLAM2/Thridparty/DBoW2
$ mkdir build
$ cmake
$ make
```

(6) 编译 g2o,执行如下命令:

```
$ cd~ /当前工作空间/src/ORB_SLAM2/Thridparty/g2o
$ mkdir build
$ cmake
$ make
```

(7) 编译 ORB_SLAM2,执行如下命令:

```
$ cd~ /当前工作空间/src/ORB_SLAM2
$ mkdir build
$ cmake
$ make
```

此处可能会出现如图 6-3 所示的错误,在 ~/当前工作空间/src/ORB_SLAM2/include/System.h 文件中添加 #include <unistd.h>,如果 src 中的 Pangolin 与内部节点有冲突,Catkin_make 工作空间会出现如图 6-4 所示问题。解决的方法是先将 Pangolin 包剪切至桌面保存,再执行 Catkin_make,当执行完后再将 Pangolin 复制回原路径。

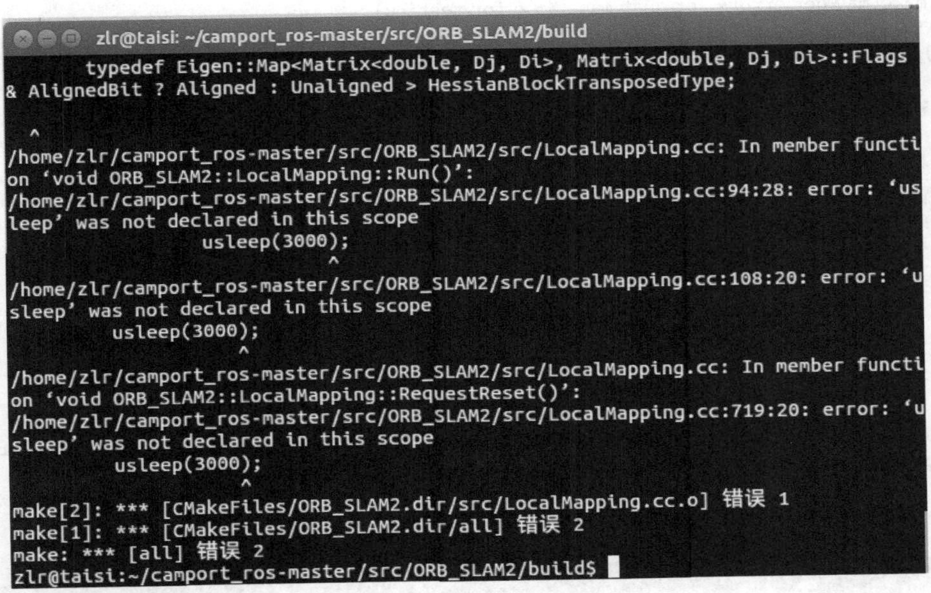

图 6-3 错误信息

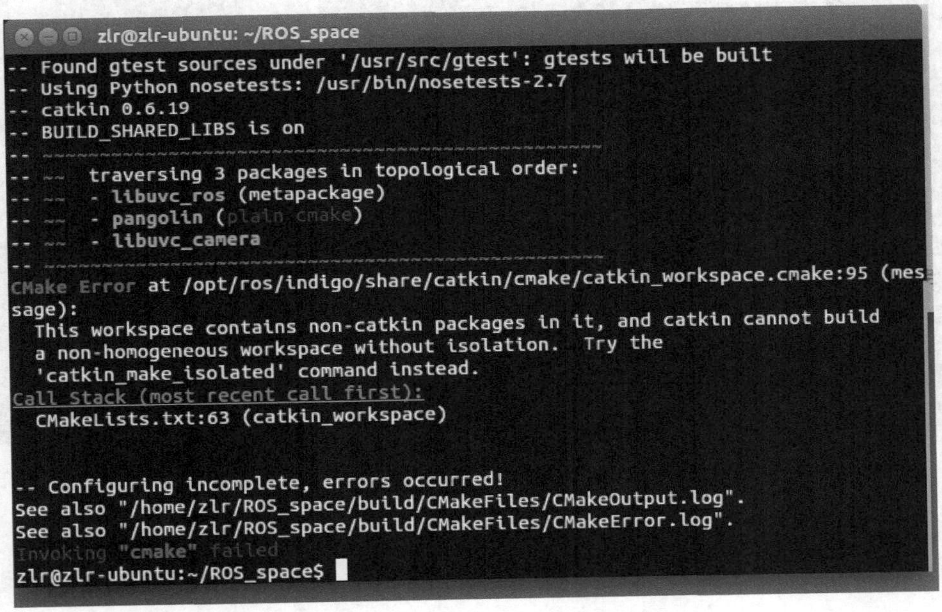

图 6-4 Catkin_make 工作空间可能出现的问题

（8）编译 ROS 的 example，更改～/当前工作空间/src/ORB_SLAM2/Examples/ROS/ORB_SLAM2/src/ros_mono.cc 中的 topic 为前面 Orbbec Astra pro 的话题。然后编译，执行如下命令：

```
$ cd ~/当前工作空间/src/ORB_SLAM2/Examples/ROS/ORB_SLAM2
$ mkdir build
$ cmake
```

```
$ make(may get errors, or just make Mono for testing)
```

（9）在新的控制终端打开 roscore，执行如下命令：

```
$ roscore
```

（10）打开 Orbbec Astra pro，执行如下命令：

```
$ rosrun libuvc_camera uvc_camera_node
```

（11）解压 ORB_SLAM 包，执行如下命令：

```
$ tar -zxvf 解压路径/src/ORB_SLAM/Vocabulary/ORBvoc.txt.tar.gz
```

执行如下命令：

```
$ rosrun ORB_SLAM2 Mono 解压路径/src/ORB_SLAM/Vocabulary/ORBvoc.txt 解压路径/src/ORB_SLAM/Examples/ROS/ORB_SLAM2/Asus.yaml
```

ORB_SLAM2 环境搭建成功，示意图如图 6-5 所示。

图 6-5　ORB_SLAM2 环境搭建成功示意图

参考文献

[1] 摩根·奎格利,布莱恩·格克. ROS 机器人编程实践[M]. 张天雷,李博,谢远帆,等译. 北京:机械工业出版社,2018.
[2] 周兴社. 机器人操作系统 ROS 原理与应用[M]. 北京:机械工业出版社,2017.
[3] 阿尼尔·马哈塔尼. ROS 机器人高效编程(第 3 版)[M]. 张瑞雷,刘锦涛,译. 北京:机械工业出版社,2017.
[4] 胡春旭. ROS 机器人开发实践[M]. 北京:机械工业出版社,2018.
[5] 恩里克·费尔南德斯. ROS 机器人程序设计(第 2 版)[M]. 刘锦涛,译. 北京:机械工业出版社,2016.
[6] 何炳蔚. 基于 ROS 的机器人理论与应用[M]. 北京:科学出版社,2017.
[7] 约翰·克雷格. 机器人学导论(第 4 版)[M]. 贠超,译. 北京:机械工业出版社,2018.
[8] 布鲁诺·西西里安诺,等. 机器人学:建模、规划与控制[M]. 张国良,等译. 西安:西安交通大学出版社,2015.
[9] 高翔. 视觉 SLAM 十四讲:从理论到实践[M]. 北京:电子工业出版社,2017.
[10] 陈孟元. 移动机器人 SLAM、目标跟踪及路径规划[M]. 北京:北京航空航天大学出版社,2018.
[11] 韩清凯. 机械臂系统的控制同步理论与应用[M]. 北京:国防工业出版社,2014.
[12] 马强. 六自由度机械臂轨迹规划研究[D]. 哈尔滨:哈尔滨工程大学,2007.
[13] 伯特霍尔德·霍恩. 机器视觉[M]. 王亮,蒋欣兰,译. 北京:中国青年出版社,2014.
[14] 斯蒂格. 机器视觉算法与应用[M]. 杨少荣,译. 北京:清华大学出版社,2008.
[15] 查特吉. 基于视觉的自主机器人导航[M]. 连晓峰,译. 北京:机械工业出版社,2014.
[16] ROS 官网 http://www.ros.org/.
[17] ROS2 GitHub 链接 https://github.com/ros2/ros2/wiki.
[18] orocos 官网 http://www.orocos.org/kdl.
[19] pocoproject GitHub 链接 https://github.com/pocoproject/poco.
[20] 中国点云库官网 www.pclcn.org.
[21] OpenCV 官网 https://opencv.org/.